中国工业遗产示例

技术史视野中的工业遗产

张柏春 方一兵 主编

CASES OF CHINESE INDUSTRIAL HERITAGE FROM THE PERSPECTIVE OF THE HISTORY OF TECHNOLOGY

山东科学技术出版社

图书在版编目（CIP）数据

中国工业遗产示例：技术史视野中的工业遗产 / 张柏春，方一兵主编．—济南：山东科学技术出版社，2020.1

ISBN 978-7-5331-9972-2

Ⅰ．①中… Ⅱ．①张… ②方… Ⅲ．①工业建筑－文化遗产－案例－中国 Ⅳ．① TU27

中国版本图书馆 CIP 数据核字 (2019) 第 237302 号

中国工业遗产示例
——技术史视野中的工业遗产

ZHONGGUOGONGYEYICHAN SHILI
——JISHUSHI SHIYEZHONGDE GONGYEYICHAN

责任编辑：杨　磊
装帧设计：侯　宇　孙　佳　孙小杰

主管单位：山东出版传媒股份有限公司
出 版 者：山东科学技术出版社
地址：济南市市中区英雄山路 189 号
邮编：250002　电话：（0531）82098088
网址：www.lkj.com.cn
电子邮件：sdkj@sdcbcm.com
发 行 者：山东科学技术出版社
地址：济南市市中区英雄山路 189 号
邮编：250002　电话：（0531）82098071
印 刷 者：济南龙玺印刷有限公司
地址：济南市历城区桑园路 16 号
邮编：250100　电话：（0531）86027518

规格：大 16 开（210mm × 285mm）
印张：18.5　**字数：**310 千　**印数：**1 ~ 2000
版次：2020 年 1 月第 1 版　2020 年 1 月第 1 次印刷
定价：198.00 元
审图号：GS（2019）4727 号

编　委　会

内容简介

18世纪之后的工业化给人类的生产方式、生存环境和景观带来了巨大改变。20世纪50年代以来，工业遗产作为工业文明的遗存愈加受到关注。2003年，国际工业遗产保护委员会强调工业遗产的4个基本价值：历史的、科技的、社会的、建筑或美学的价值。工业是近现代技术的基本载体。技术史研究是工业遗产价值认知的一个重要路径，因此，技术史视角的工业遗产研究受到国内外学界的重视。

近年来，中国的政府机构、企业和学者们开始致力于工业遗产的研究和保护，但人们对工业遗产的价值判断尚存在一定的局限性和认知偏差。鉴于这种状况，中国科学院自然科学史研究所组织编写“中国工业遗产示例”，联合国内众多技术史学者，发挥科技史学科的优势，有选择地阐述矿冶、机械、交通、能源、纺织、化工等领域具有代表性的28处工业遗产。这些遗产既包括古代遗存，又包括建设于19世纪末和20世纪的工矿企业、铁路和其他工程，图文并茂地介绍它们的历史概况、遗存现状及其技术史价值，借此为工业遗产调研、保护和开发事业提供学术支持。

自 序

第二次世界大战结束后，许多国家逐步调整产业结构，促进工业技术发展和升级，甚至向信息化方向发展，带动经济社会转型。发达国家率先解决如何处置大量淘汰的工业设施和设备等问题。早在20世纪50年代，英国人就重视起工业纪念物的保护和研究。到六七十年代，工业纪念物调查保护与工业考古学在欧洲和美国得以建立。国际工业遗产保护委员会（The International Committee for the Conservation of the Industrial Heritage）于1978年成立，在2003年通过有关工业遗产的《下塔吉尔宪章》。该宪章将工业遗产定义为具有历史价值、技术价值、社会意义、建筑或科研价值的工业文化遗存，包括建筑物、机器设备、工厂、矿山，以及相关的加工场地、仓库、店铺、生产传输和使用能源的场所、交通基础设施、与工业生产相关的社会活动场所。工业遗产反映着工业、技术和科学的发展水平及工业社会的发达程度。

中国在工业化史上是后来者，但在世界工业史、技术转移与创新史上有自己的特色和地位，也有值得保护的工业遗产。改革开放以来，中国经历着一个产业升级、再创业和创新的过程，有些地方因资源趋于枯竭而不得不谋求经济社会的转型，工业遗产保护因而成为一个现实问题。2006年4月国家文物局在无锡举办中国文化遗产保护论坛，并选定“工业遗产保护”为首次论坛的主题。国务院在2007年要求在第三次全国文物普查工作中着重普查工业遗产、文化景观等。国家工业和信息化部在2016年支持成立中国工业遗产联盟，从2017年开始评选工业遗产，且推出“国家工业遗产名单”。中国科学技术协会也在2018年开始发布"中国工业遗产保护名录"。一些面临着产业转型的地区把工业遗产保护作为文化产业与新景观布局的生长点以及社会转型的一个切入点，进行了积极的探索。有些建筑遗产的保护与景观设计、创意文化产业开发等相结合，取得了良好的社会效益。

中国工业遗产的研究和保护尚出于开拓阶段。哪些旧的工业设施与设备值得保护？如何处理好遗产保护与产业升级、社会发展的关系？这些都是我们亟待探讨的问题。事实上，工业遗产往往不同程度地兼有历史价值、科技价值、建筑价值和社会意义等。因此，工业遗产保护是一个真正的交叉领域，关系到不同的学科和行业。学科和行业不同，看待工业遗产的角度和价值取向也不同。如果无视或低估遗产价值，我们可能弃毁许多值得保护的重要工业遗产。如果高估遗产价值或遴选做得过泛，我们就可能过度保护价值不高的工业遗存。显然，每个学科都应该发挥自己的专长，进行多学科的交叉研讨和协作，共同做好遗产保护工作。

技术史学者将工业遗产视为历史研究的对象，将工业考古当作一种研究方法，为辨识和保护遗产做出了贡献。欧洲技术史学者率先调查研究工业遗产，提出了遗产保护、技术景观及其再设计等理论问题和现实问题，促进了技术史与考古学、博物馆学、文化创意产业等方面的交流与合作。中国技术史学者也适时关注到工业遗产，积极开展相关的学术研讨。2007年8月，第九届全国技术史学术研讨会将工业遗产与技术景观列为一个专门的议题。翌年7月，哈尔滨工业大学、中国科学院自然科学史研究所、中国科学院传统工艺与文物科技研究中心和中国科技史学会技术史专业委员会联合召开"全国首届工业遗产与社会发展研讨会"，讨论工业遗产的价值、保护、开发和利用以及老工业基地改造等问题。经过七年酝酿，中国科技史学会工业考古与工业遗产研究会于2015年9月正式成立，成为一个学术交流与合作的新平台。

技术史学者注重技术的历史地位及相关社会因素，评价工业遗产在技术史、工业史、科学史与文化史等方面的价值，认为那些在技术与工业发展进程中的典型遗存，尤其是具有里程碑意义的遗存值得优先保护。出于这种考虑，我们以技术史为主要视角，尝试选择某些幸存下来的工业遗产，探讨它们的历史价值和技术上的开创性或典型性。例如，铜绿山铜矿代表着古代工业遗产，是中国古代发达的青铜冶铸技术和手工业的缩影。福州船政比上海江南机器制造总局幸运一些，留下了建厂初期建设的个别厂房。京张铁路标志着中国工程师掌握了近代科学技术，开始主持设计和建设铁路工程。钱塘江大桥是中国工程师设计和监造的铁路和公路两用桥。洛阳拖拉机厂是中国第一个拖拉机制造厂，是现代工业“156项工程”的一个重要代表。沈阳铸造厂是东北老工业基地转型发展的一个典型案例。

工业遗产保护在中国属于新事物，目前还存在一些突出的问题。例如，有重建筑遗产和企业产品，轻视机器设备、生产线和工艺等遗产的倾向，好比“有饺子皮，缺饺子馅”。有些企业博物馆主要陈列自己的产品，却未展示生产这些产品的技术和机器设备。在中国这样一个制造大国，政府部门有必要组织征集文物价值较高的工业产品、机器设备、建筑模型等多种可移动的工业遗产，创建国家工业博物馆，以适应新时代经济、社会和文化的全面发展。

在此，我们尝试探讨28例工业遗产，希望以这种形式为调研和保护工业遗产添砖加瓦。这部书汇集的研究心得还比较粗浅，难免有些疏漏和错误，敬请学界同仁和读者们不吝赐教。

张柏春

2019年7月

目 录 CONTENTS

铜绿山古铜矿

一、概　况①

铜绿山古铜矿遗址位于湖北省大冶市城西南3 km处的铜绿山矿区。铜绿山矿床由12个矿体（Ⅰ－Ⅻ号）组成，南北长2 100 m、东西宽600 m，面积约1.2 km^2。铜绿山遗址发现于1973年，经1974～1985年连续多次发掘，及2011年以来新一轮考古工作，发现了大量采矿、冶炼和墓葬等遗存，其年代主要从商代晚期延续到西汉。它是我国规模最大、技术内涵最为丰富的一处古铜矿采冶遗址。

铜绿山的采矿方法分露天开采和地下井巷开采两类，并以地下井巷开采为主，形成了一套完整的自成体系的地下开采系统，其采用竖井、平巷、斜井、盲井联合开拓法进行深井开采，具有以下技术特征。

① 开采技术。铜绿山古铜矿西周时期采用“露天采场—群井—盲井—平巷”的开采方式，大量开挖竖井；春秋时期使用竖井、斜井、平巷联合开拓法；战国至西汉时期开采系统已经相当完整，先开挖竖井到一定深度，再向两侧掘进中段平巷，在中段巷道的中部或一端，下掘盲井直达采矿场，以Ⅰ号矿体第24勘探线的古矿井（图1–1）为代表。

② 井巷支护技术。铜绿山古铜矿战国时期以前竖井和平巷均采用榫卯结构木支护技术；战国至西汉时期竖井主要采用垛盘结构，平巷采用鸭嘴结构木支护技术。

③ 采掘技术。铜绿山古铜矿战国时期以前主要使用铜斧、铜镢、铜锛等青铜工具来

---

① 该部分内容主要参考：黄石市博物馆：《铜绿山古矿冶遗址》，文物出版社，1999年；大冶市铜绿山古铜矿遗址保护管理委员会编：《铜绿山古铜矿遗址考古发现与研究》，科学出版社，2013年；大冶市铜绿山古铜矿遗址保护管理委员会编：《铜绿山古铜矿遗址记忆》，科学出版社，2013年；湖北省文物考古研究所、湖北省博物馆、大冶市铜绿山古铜矿遗址保护管理委员会编，陈树祥、连红主编：《铜绿山考古印象》，文物出版社，2018年。本文写作参考了孙淑云教授的指导和修改意见。

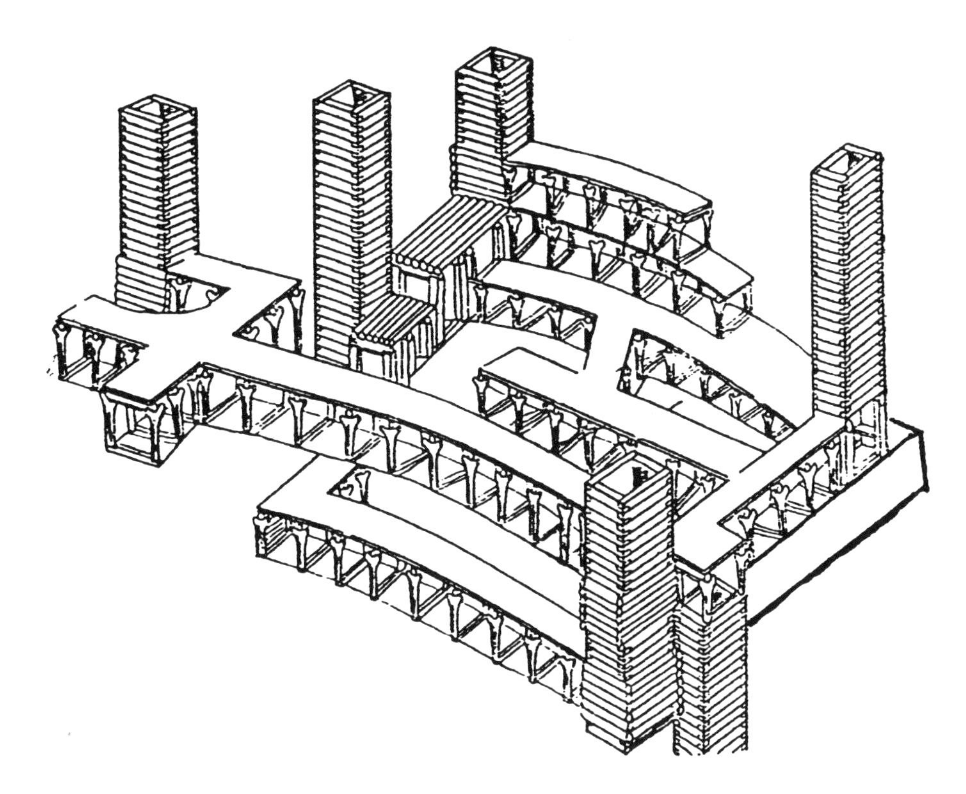

图 1-1　Ⅰ号矿体 24 号线战国矿井开拓系统复原图

开拓巷道，多数为中小型青铜工具，可双手或单手握执；也出现了重达16.3 kg的大型铜斧，可悬吊式操作；战国至西汉时期使用铁斧、铁锤、铁钻、铁锄等铁质工具，井巷截面增大，开采深度也逐渐加深。

④矿井提升、排水、通风和照明技术。铜绿山古铜矿战国时期以前使用人工提升，战国至西汉时期使用轱辘提升；使用木水槽引水至集水井，用水桶和提升工具排水；利用井口高低气压差形成的自然风通风；以竹签为照明用材。

铜绿山采用先进的人工鼓风竖炉冶铜技术，主要表现在以下三方面。

① 铜绿山炼铜炉炉型结构合理。以XI号矿体春秋时期炼铜炉（图1–2）为代表，它们由炉基、炉缸和炉身组成：炉基部分设置“十”“T”或“一”字形风沟，起到防潮和保温作用；炉缸截面近似椭圆形，长轴两端各设一鼓风口，前壁设一拱形金门，用于排放炉渣和铜液；炉身部分炉壁往上逐渐向内收缩，利于保持炉温和炉料的反应；筑炉用料讲究，古人已能识别和使用适应高温熔炼的不同耐火材料，并对炼炉进行多次修补和使用。

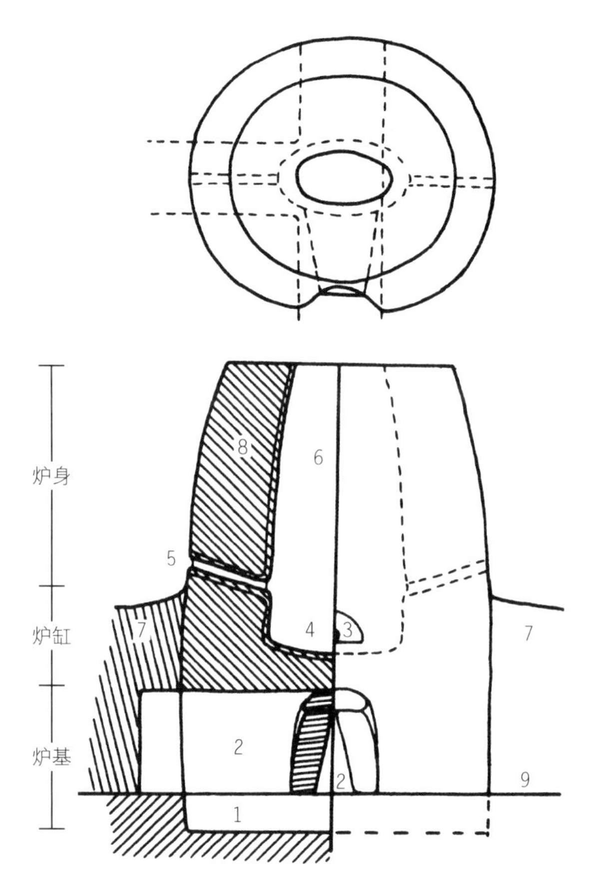

1. 基础；2. 风沟；3. 金门；4. 排放孔；5. 风口；6. 炉内壁；7. 工作台；8. 炉壁；9. 原始地平面。

图 1-2　Ⅺ号矿体冶炼遗址春秋炼铜竖炉复原图

② 铜绿山具备了较高的冶炼工艺水平。铜绿山古铜矿的冶炼工艺主要是使用“氧化矿—铜”工艺，将氧化铜矿直接还原冶炼，以木炭为燃料，并加入助熔剂。炉体两侧鼓风，具备连续加料、冶炼，间断排放渣液和铜液的功能。至迟在春秋时期，铜绿山已使用“硫化矿—冰铜—铜”工艺，对含黄铁矿的硫化铜矿进行多次焙烧和冰铜熔炼，最后还原成铜。

③ 铜绿山冶铜技术处于当时世界前列。铜绿山多处遗址炉渣平均含铜量为0.7%，四方塘遗址炉渣平均含铜量甚至为0.585%，低于国内外同一时期多数遗址炉渣的含铜量。

二、现　状

铜绿山工业遗产包括采矿遗址、炼铜遗址和其他相关遗址三类。1974 ~ 1985年，铜绿山古铜矿遗址发掘总面积达4 923 m^2，发掘清理7处采矿遗址、2处冶炼遗址，揭露不

图 1-3　Ⅰ号矿体 24 号线采矿遗址

同时期的采矿竖（盲）井231个、平（斜）巷100条、炼炉12座，出土了大量采矿和冶炼工具。2011年以来，调查发现13处冶炼遗址，发掘了岩阴山脚、四方塘和卢家垴等遗址①。

其中采矿遗址主要包括Ⅰ号矿体、Ⅶ矿体遗址。

Ⅰ号矿体24号线采矿遗址（图1-3）发掘于1974年，其年代为战国至西汉初年，揭露面积约120 m²，共发掘5个竖井、11条平（斜）巷。该遗址在支护、采掘、提升技术和工具等方面是铜绿山采矿遗址中最为先进的，也是铜绿山采掘部位最深的采矿遗址。

① 黄石市博物馆：《铜绿山古矿冶遗址》，文物出版社，1999年；湖北省文物考古研究所、大冶市铜绿山古铜矿遗址保护管理委员会：《湖北省大冶市铜绿山古铜矿冶遗址保护区调查简报》，《江汉考古》2012年第4期；湖北省文物考古研究所、大冶市铜绿山古铜矿遗址保护管理委员会：《大冶市铜绿山岩阴山脚遗址发掘简报》，《江汉考古》2013年第4期。湖北省文物考古研究所、大冶市铜绿山古铜矿遗址保护管理委员会：《大冶铜绿山四方塘春秋墓地第一次考古主要收获》，《江汉考古》2015年第5期；湖北省文物考古研究所、大冶市铜绿山古铜矿遗址保护管理委员会：《大冶市铜绿山卢家垴冶炼遗址发掘简报》，《江汉考古》2013年第2期；湖北省文物考古研究所、大冶市铜绿山古铜矿遗址保护管理委员会：《大冶铜绿山四方塘春秋墓地第一次考古主要收获》，《江汉考古》2015年第5期；陈丽新、陈树祥：《试论大冶铜绿山四方塘墓地的性质》，《江汉考古》2015年第5期；湖北省文物考古研究所、湖北省博物馆、大冶市铜绿山古铜矿遗址保护管理委员会编，陈树祥、连红主编：《铜绿山考古印象》，文物出版社，2018年。

Ⅶ号矿体1号点采矿遗址（图1-4）发掘于1979～1980年，年代为春秋时期，发掘面积为400 m^2，共发掘几十条巷道，井巷密布、纵横交错（图1-5）。该遗址通过几个竖井在矿井中拓展平巷，并从平巷中有效地采掘矿石。这说明铜绿山在春秋时期其采矿技术已经相当成熟。1984年，在该地点发掘原址上建成铜绿山古铜矿遗址博物馆（图1-6）。

炼铜遗址主要包括Ⅺ号矿体冶炼遗址、柯锡太遗址及卢家垴遗址。

Ⅺ号矿体冶炼遗址于1975～1983年陆续发掘，共发现10座春秋时期炼铜竖炉。这些炉子结构和尺寸大体相同，均保存着炉基和炉缸，但炉身均已坍塌，其中4号和6号炉保存最好（图1-7）。6号炉周围还保存有成套的辅助设施，包括工作台、和泥池、碎料台、渣坑等遗迹，还有石砧、石球等碎矿工具。

柯锡太遗址位于铜绿山西北方500 m处的柯锡太村，于1976年发掘，发现2座战国时期炼铜竖炉。竖炉比春秋炼铜炉更大，炉体横截面呈椭圆形，炉缸为长方形。1号炉为耐火黏土构筑，炉缸底部有“一”字形风沟；2号炉采用耐火黏土和土坯结合的夯筑方式，炉缸底不见风沟（图1-8）。

图1-4　Ⅶ号矿体1号点采矿遗址

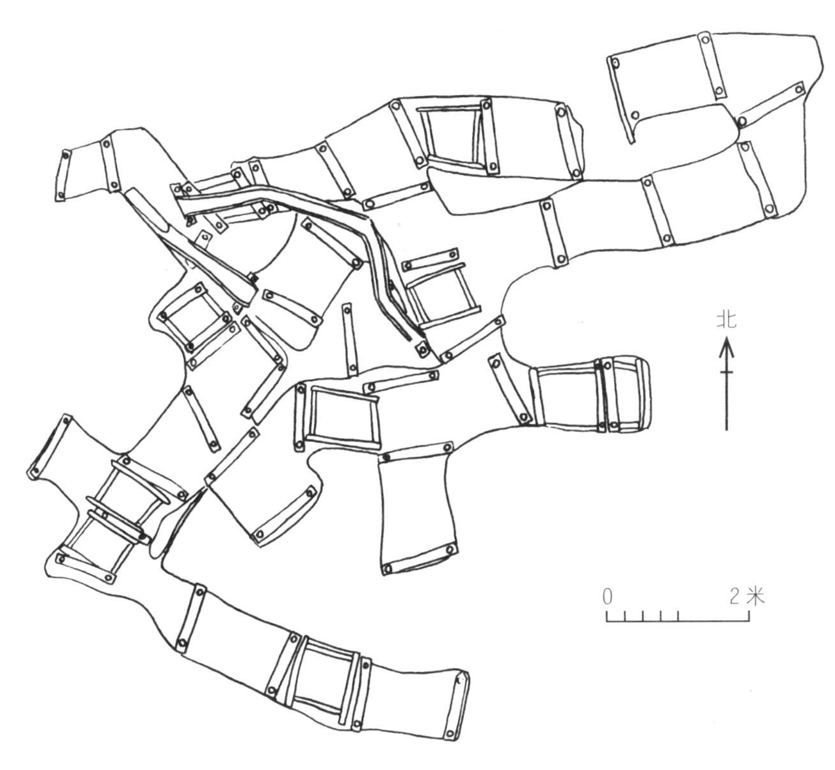

图 1-5　Ⅶ号矿体 1 号点采矿遗址一组完整的井巷平面示意图

图 1-6　铜绿山古铜矿遗址博物馆

图 1-7　Ⅺ号矿体冶炼遗址 6 号春秋炼铜炉

图 1-8　柯锡太遗址 2 号战国炼铜炉

卢家垴遗址位于铜绿山古铜矿遗址保护区西边的株林村，于2011～2012年发掘，出土了一批汉代、唐代、五代、宋代、明清时期的遗存，是目前铜绿山所见面积最大、保存最好的一处冶炼遗址。在该遗址发现一座西汉时期的炼铜竖炉（图1-9），炉缸呈椭圆形，土坯砖砌筑，缸底有“一”字形风缸。

其他相关遗址主要有岩阴山脚遗址及四方塘遗址墓葬区。

岩阴山脚遗址位于Ⅶ号矿体东北坡麓，面积15 000 m^2，2012年发掘650 m^2，发现一批春秋至西汉时期重要的矿冶遗迹，包括1处尾砂堆积、1处选矿场、35枚矿工赤足印（图1-10）及1座战国至西汉时期探矿井等。这些遗存反映了当时采矿、选矿、冶炼场地的空间分布、生产规模和技术流程等情况，尤其是矿工赤足印的发现填补了矿冶考古的一项空白。

图1-9 卢家垴遗址西汉炼铜炉

四方塘遗址墓葬区（图1-11）位于Ⅶ号矿体1号点旁，于2012年发现，2013年试掘，发现春秋时期的冶炼场和宋代焙烧炉，2014～2017年连续进行钻探和发掘，发掘总面积5 470 m^2。共发现246座两周时期岩（土）坑长方形竖墓穴，其中91座墓葬出土陶器、铜器、玉器、矿石、石砧、炉壁残块等随葬品。该遗址是我国首次发现的以矿冶管理者与生产者为主的墓地，墓葬规模和随葬品的差异显现出矿冶活动群体的等级及不同分工。四方塘遗址墓葬区考古成果被评为2015年度“全国十大考古新发现”。

三、技术史价值

铜绿山古铜矿遗址是我国首次发现并科学发掘的大规模矿冶遗址，也是我国迄今发现的连续生产时间最长、保存最为完好、规模最大、内涵最为丰富的铜矿采冶遗址。该遗址不仅发现了从采矿到冶炼的完整矿冶产业链的遗存，还发现了赤足印、墓地等生产者和管理者的遗存，填补了我国古代冶金史的多项空白，对了解我国古代青铜业的生产具有重要意义。

1982年铜绿山Ⅶ号矿体采矿遗址被国务院列为第二批全国重点文物保护单位，并于1984年在其1号点发掘原址上建成铜绿山古铜矿遗址博物馆。为解决矿山生产与遗址保护的矛盾，后经过多次论证协调，1991年国务院正式批复原址保护，铜绿山古铜矿遗址得以永久保护。铜绿山古铜矿遗址2001年被评为“中国20世纪100项考古发现”之一，2005年成为国土资源部命名的黄石国家矿山公园重要组成部分，2009年成立大冶市铜绿山古铜矿遗址保护管理委员会，2012年被列入中国世界文化遗产预备名单，2013年被列入全国“十二五”150处大遗址并被国家文物局确认为国家考古遗址公园，2018年被国家工业和信息化部评为国家工业遗产。目前，铜绿山古铜矿遗址的考古研究和保护工作正在有条不紊地进行。

（周文丽　方一兵）

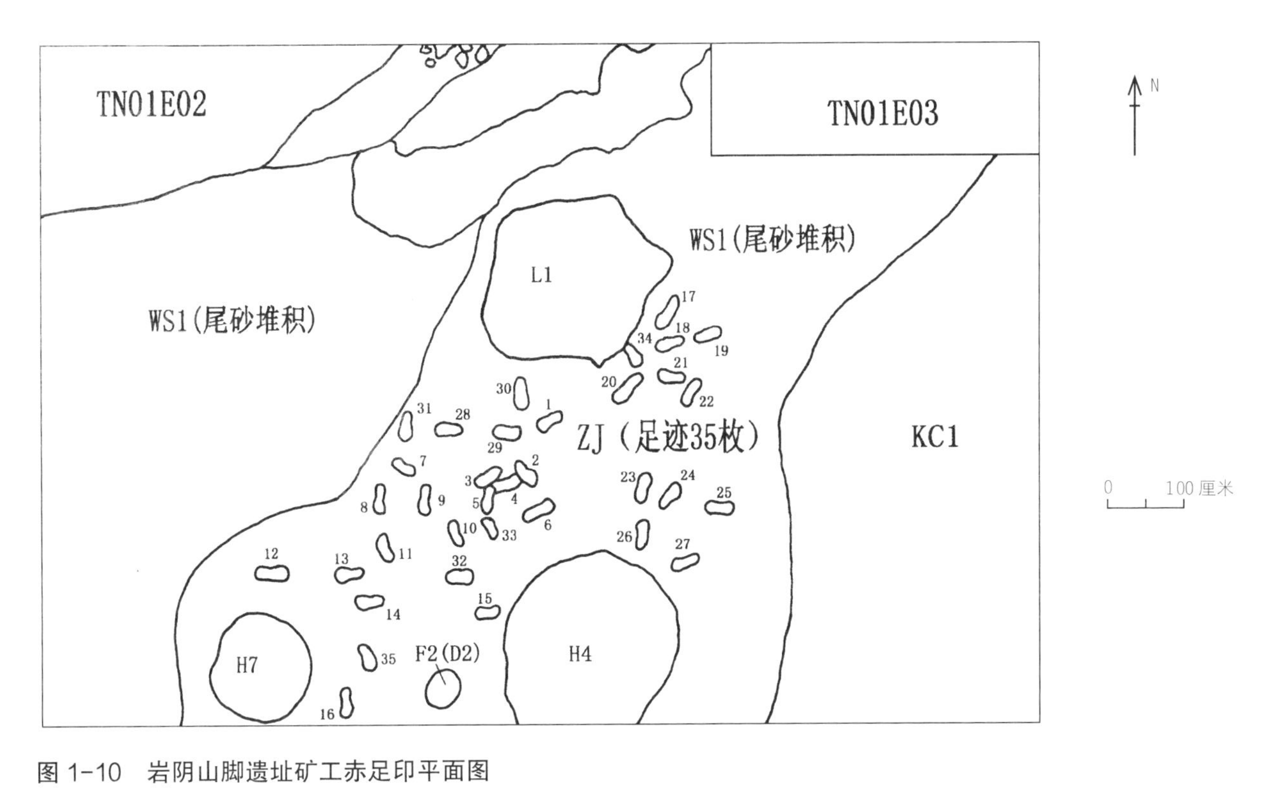

图 1-10　岩阴山脚遗址矿工赤足印平面图

图 1-11　四方塘遗址墓葬区

都江堰

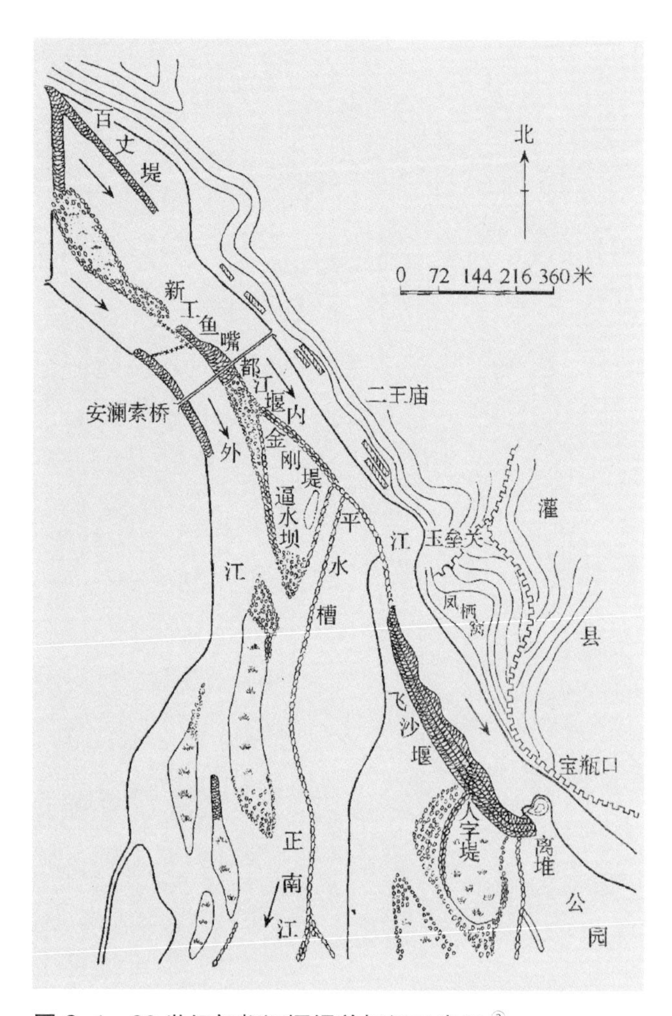

图 2-1　20 世纪初都江堰渠首枢纽示意图[2]

一、概　况

都江堰水利工程位于现四川省都江堰市西北的岷江干流，始建于公元前3世纪中叶，后经多个朝代的维修和重修，灌区面积扩大到了今天的1 000多万亩[1]，成就了富饶的成都平原。它是世界上以无坝引水和有闸控制配合作业为特征的宏大水利工程。

自战国时秦国蜀郡太守李冰及其子率众“凿离堆，辟沫水之害，穿二江成都之中”，到20世纪70年代兴建外江闸，都江堰发生了较大的变化。20世纪初都江堰渠首枢纽如图2-1所示，当时的金刚堤上有侧向溢洪道（平水槽）。

都江堰的材料和工程技术也经历了一个由原始到现代的变化过程。创建时使用卵石、杩槎、钉砌等材料和技术，现代则采用钢筋混凝土、电动闸门和浆砌河堤。[3]清光绪三年（1877）丁宝桢主持大修都江堰，将鱼嘴由二王庙山门正对上移索桥之上，改笼石为砌石，工程有所加固。1933年8月25日，岷江上游茂县叠溪发生7.5级地震。地震造成的堰塞湖

---

① 冯光宏 . 都江堰创建史 [M]. 成都：巴蜀书社，2014：1–2.
② 谭徐明 . 都江堰史 [M]. 北京：科学出版社，2004：93.
③ 灌县县志编委会 . 灌县都江堰水利志 .1983：2.（内部发行）

决堤，冲毁都江堰的金刚堤、平水槽、飞沙堰、人字堤和安澜索桥（图2-2[①]）。1934年水利知事周郁如用浆砌条石作基础，用洋灰砌座，修都江堰分水鱼嘴（图2-3[②]）。[③] 1935年冬，四川省政府指派堰务管理处处长张沅主持大修都江堰，将鱼嘴位置西移20余米紧靠外江桥墩，深挖基础，安设地符，上用卵石混凝土砌成顺水流线型新工鱼嘴，同时大力淘修内江和外江。这次大修于1936年4月告竣，取得很好的成效。[④]

随着灌区不断扩大和城市用水不断增加，鱼嘴自然分水及杩槎调流已经不能适应需要。1973年2月，四川省水利局决定在堰首鱼嘴的西侧修建临时性节制闸代替杩槎调节

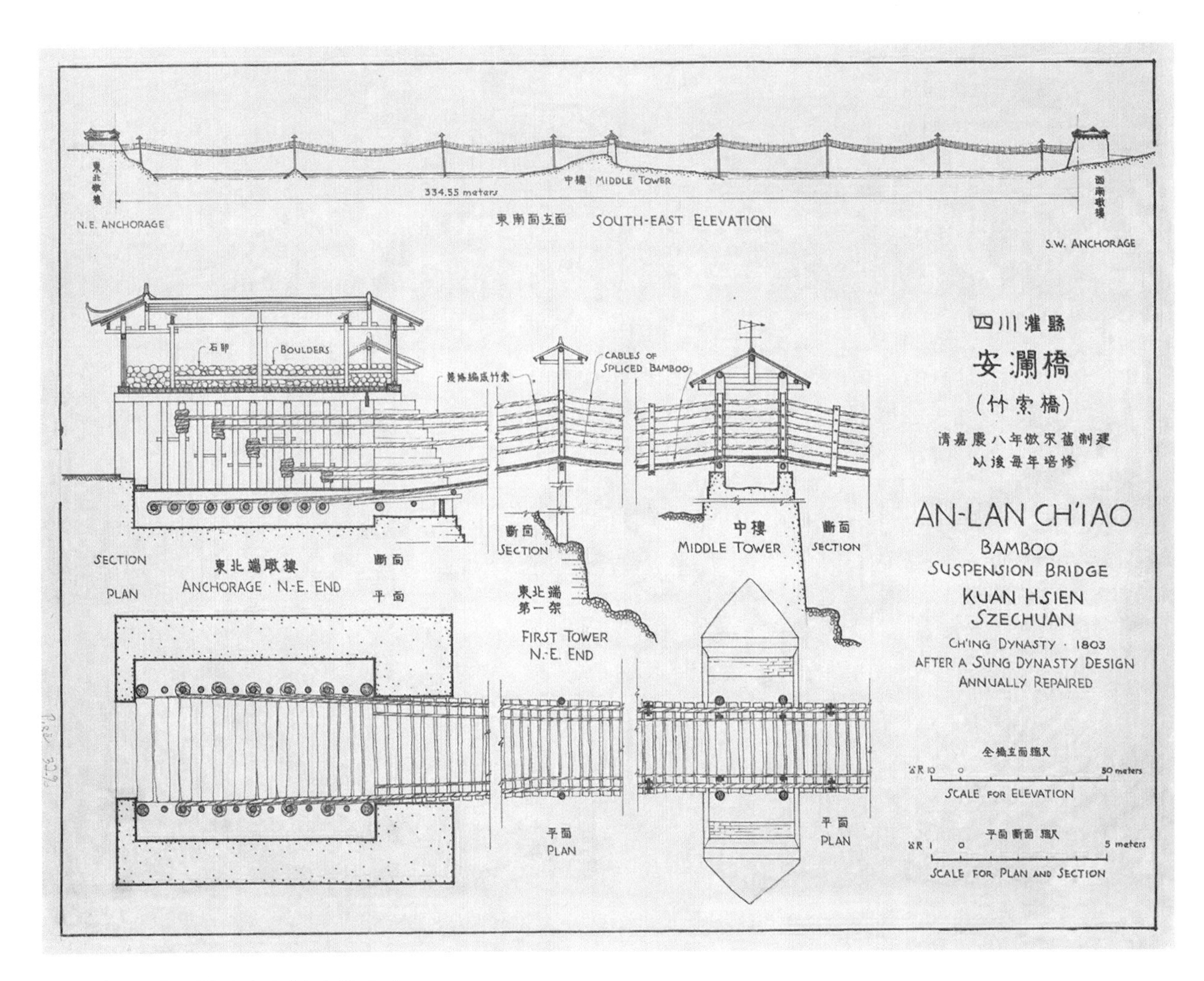

2-2 梁思成手绘的安澜桥（1939）

① 梁思成.《图像中国建筑史》手绘图[M].北京：读书·生活·新知三联书店，2011：散页.

② 荀子平.拜水都江堰[M].成都：四川美术出版社，2006：24.

③ 灌县县志编委会.灌县都江堰水利志.1983：260-261.（内部发行）

④ 徐慕菊.四川省水利志：第一卷.1988：116.

图 2-3 1934 年的都江堰

引水。1974年4月建成8孔、总宽104 m的外江节制闸（简称“外江闸”）。闸门为升卧式平板钢结构，高4 m，由开敞式双吊点电动卷扬机启闭。外江闸建成后，使都江堰灌区引水量由每年50亿~60亿m^3增加到每年60亿~80亿m^3，取得了多方面效益。[①]为保证外江渠系引水需要，1981年四川省又修建沙黑河闸。[②]

二、现　状

都江堰的工业遗产可分为“有形”与“无形”两部分，前者即实体的水利工程体系，后者指在长期治水过程中总结出来的工程经验（经验口诀）。

① 徐慕菊．四川省水利志：第一卷．大事记．1988：223；陈椿庭．七十五年水工科技忆述[M]．北京：中国水利水电出版社，2012：43；四川省地方志编纂委员会．都江堰志[M]．成都：四川辞书出版社，1993：187.

② 四川省水利电力厅．四川水利40年[M]．成都：四川科学技术出版社，1989：32.

实体的都江堰水利工程主要包括传统的“三大件”和外江闸。“三大件”即分水引水工程——鱼嘴，泄洪和排沙工程——飞沙堰，进水口——宝瓶口。[①]

鱼嘴，其分水堤上起外江闸上78 m处岷江江心，下至飞沙堰，长710 m，首部呈鱼头状，宽约30 m，末端与飞沙堰相接处约140 m。两侧之河岸，称为金刚堤。都江堰治水三字经中的“分四六、平潦旱”就是指鱼嘴对内外江分水比例的概括。春耕用水季节，岷江主流直冲内江而下，内外江分水比例约为六比四；夏季洪水季节，水面宽阔，外江约占六成，这样比例就调了过来。逢枯水季节，有时还要用杩槎构成的导流堤向外江延伸以增加内江流量。

① 谭徐明．都江堰史［M］. 北京：科学出版社，2004：51.

图 2-4　从秦堰楼上俯瞰安澜索桥、鱼嘴和外江闸（史晓雷 摄）

飞沙堰是内江总干渠的旁侧泄洪道，又名减水河，取其排洪、飞沙之意。它上承鱼嘴分水堤的尾部，下距宝瓶口约200 m，与内江左岸的虎头岩相对。洪水季节时，流入内江的洪水被虎头岩顶住，水势向飞沙堰冲去，这样便起到了泄洪的作用，使超过宝瓶口所需流量的水从飞沙堰溢到外江。此外，泄洪的同时还能把冲入内江的部分泥沙排到外江。有实测数据表明，飞沙堰的泄洪能力随着内江水量增大而加大，排沙效果也有类似关系（表2-1）。

表 2-1　　飞沙堰溢洪、泄洪能力表[①]

内江流量（m^3/s）	宝瓶口流量（m^3/s）	飞沙堰流量（m^3/s）	飞沙堰流量占内江流量百分比（%）
550	420	130	23.6
1 020	520	500	49.0
1 800	640	1 160	64.5
2 300	700	1 600	69.5
2 300	520	1 780	77.5
2 460	680	1 780	72.5
2 800	700	2 100	75.0

宝瓶口是玉垒山伸向内江山脊上凿开的一处缺口，左侧是玉垒山的山崖，右侧为离堆。宝瓶口宽17～23 m，高18.8 m，峡长36 m。它是控制都江堰灌区进水量的咽喉，在飞沙堰与人字堤的配合下，无论遇到多大的洪水，其进水量都不超过每秒700 m^3，形成天然的节制闸。都江堰最早用石人作为水位尺，至晚到宋代宝瓶口左岸的石崖上已有等距刻画的水则。其后不同朝代刻画有变动，沿用至今的是清乾隆三十年（1765）重建的水则（图2-5），一共24划，水位在13划时可满足春耕用水，16划为汛期警戒水位[②]。

① 谭徐明．都江堰史 [M]. 北京：科学出版社，2004：98.

② 周魁一．中国科学技术史：水利卷 [M]. 北京：科学出版社，2002：36.

图 2-5　宝瓶口水则（史晓雷 摄）

在历代治理都江堰的过程中，人们积累了丰富的实践经验，并将之总结成易于流传的经验口诀。这些经验口诀也是都江堰工业遗产文化的重要组成部分。

六字诀："深淘滩，低作堰。"（图 2-6）"深淘滩"是指每年要对凤栖窝下的内江河床深淘清淤，以淘至所埋"卧铁"为准。"低作堰"是指飞沙堰不能筑得太高，否则影响泄洪和排沙效果。

图 2-6　都江堰治水六字诀（史晓雷 摄）

清同治十三年（1874），灌县知县胡圻据历代治水经验，编成了治水三字经："六字传，千秋鉴。挖河心，堆堤岸。分四六，平潦旱。水画符，铁桩见。笼编密，石装健。砌鱼嘴，安羊圈。立湃阙，留漏罐。遵旧制，复古堰。"清光绪三十二年（1906），知成都府事文焕将上述三字经改编为："深淘滩，低作堰。六字旨，千秋鉴。挖河沙，堆堤岸。砌鱼嘴，安羊圈。立湃阙，留漏罐。笼编密，石装健。分四六，平潦旱。水画符，铁桩见。岁勤修，预防患。遵旧制，毋擅变。”所谓“羊圈”是指用四根木桩主柱做骨架，周边连以横木，再竖一周木棍（签子），然后将卵石置于其中，犹如羊圈（图2-7①）。羊圈主要用于急流顶冲处，作护岸、堰坝基脚，只有羊圈做好了，鱼嘴才能安全。“笼”是指都江堰筑堤修堰的（装）卵石竹笼，长约10 m，直径约0.6 m。早年由白夹竹编制，近代多用慈竹（图2-8②）。它是都江堰最常用的河工构件之一，用途广泛，可用于护岸、钉坝、笼坝、筑溢流坝、护基等③。

此外，都江堰治水还有八字格言。清光绪元年（1875）署水利同知胡均题词：“遇弯截角，逢正抽心。”清光绪二十七年（1901）水利同知吴涛题词：“乘势利导，因时制宜。”

1978年，都江堰管理处根据治水、灌溉的经验及教训，总结了新的三字经：“深淘滩，高筑岸；疏与堵，要全面；险工段，双防线；前有失，后不乱；堤夯实，坡改缓；基深挖，漕填满；石砌牢，脚放坦；勤养护，常看管。”④

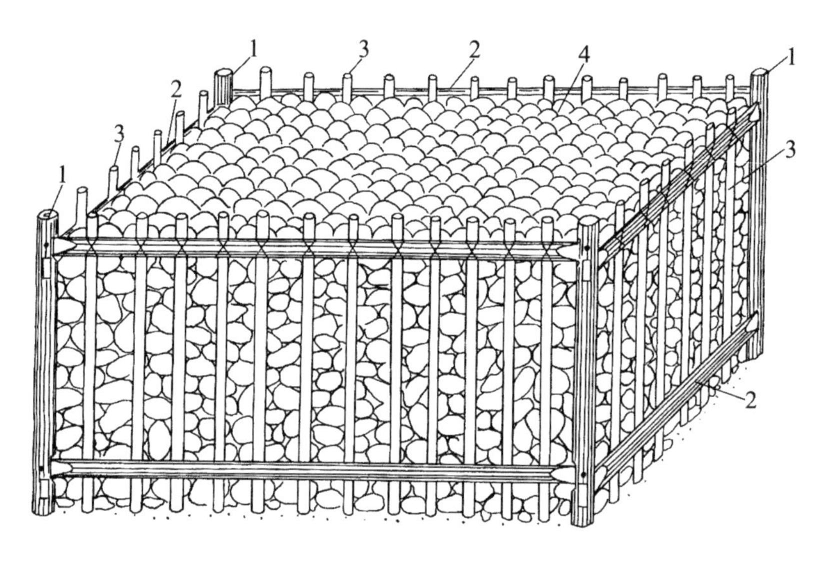

1. 立柱；2. 横木；3. 签子；4. 卵石。

图 2-7 羊圈示意图

---

① 谭徐明 . 都江堰史 [M]. 北京：科学出版社，2004：156.

② 苟子平，王国平 . 都江堰：两个世纪的影像记录 [M]. 济南：山东画报出版社，2007：55.

③灌县县志编委会 . 灌县都江堰水利志 .1983：34-35.（内部发行）

④ 成都市地方志编纂委员会 . 成都市志：科学技术志：上册 [M]. 成都：四川科学技术出版社，1999：623.

图 2-8 民工正在被冲毁的河滩上编制竹笼（1934）

三、技术史价值

广义的工业遗产既包括近代以来的工业遗存，也涵盖反映古代工程技术成就的遗存。都江堰正是后者的典型代表，其价值主要体现在三方面。首先，开凿历史久远，且沿用至今，泽被“天府之国”。其次，技术水平高，“三大件”等工程相互配合，巧妙实现引水、泄洪、排沙功能；同时形成了宝贵的治水经验口诀，传承至今。最后，用材与施工均与时俱进，并将现代技术融入古老水利工程，取得更显著的效益。

截至2019年7月，我国入选《世界遗产名录》的项目一共有55个。在37项世界文化遗产之中，只有2000年入选的都江堰为工业遗产，遗产名称为“都江堰灌溉系统”[①]，类别为“水利设施”。这是联合国教科文组织对都江堰工业遗产价值的高度肯定。

（史晓雷）

① 当时参选时，都江堰是与青城山联合申报的，全称为“青城山及都江堰灌溉系统”。

自贡燊海井

一、概　况

四川自贡燊（shēn）海井位于大安区阮家坟山下的长堰塘的旁边，占地面积约2 000 m^2，井位海拔341.4 m。该井开钻于清道光十五年（1835），采用中国自宋代以来的冲击式顿钻法进行开掘。顿钻技术包括凿井、测井及纠斜、补腔、打捞、修治木柱等，开凿历时3年始成。燊海井井深达到1 001.42 m，是当时世界上第一口超千米盐井，创造了世界钻井的纪录。

燊海井是一口天然气和卤水同采的高产井，至20世纪50年代停产，这100多年间它创造了可观的经济价值。在竣工初期，燊海井既产卤又产气，完全解决了煮盐的原料和燃料的问题。当时日产天然气8 500 m^3，黑卤14 m^3，设有烧盐锅80余口。1875年以后，天然气产量逐渐降低，烧盐锅减为20余口，日产盐约500 kg。1944年，该井天然气产量一度增加为日产3 200 m^3，烧盐锅有30口，现在日产量为1 500 m^3。燊海井的开凿，曾一度使各地盐绅商贾纷至沓来，并在其周围凿井设灶，当地一时间呈现“天车”林立、锅灶密布的繁荣景象。

燊海井灶在历史上曾几度更名，先为元昌灶、荣华灶、乾元灶、四义灶，后改名为过益记德信灶、新记同森灶、君记同森灶、益记同森灶、金和德星灶、福记同益灶、建记同森灶等。

二、现　状

明代宋应星的《天工开物》和清代丁宝桢的《四川盐法志》都记载了井盐的生产工

艺和工具（图3–1）。燊海井现在仍使用传统的汲卤方法和煎盐工艺进行生产，其主要建筑有碓房、大车房、灶房和柜房等，主要生产设备有碓架、井架、大车、盐锅、盐仓和采输气设施等，是研究古代科技史和经济史的重要实物资料。

踩架与顿钻。踩架设在井口旁，用于锉井，由6根圆木架设而成。踩架顶上安装有花锟子，用来围绕篾绳，下面正对井处是踩板。踩板一端的碓头，通过连环与篾绳，连接锉井的顿钻。工人有6～8人，分成两组，每组3人或4人。他们同时踩上踩板，使碓头翘起，向上提起顿钻。当工人们同时跳离踩板时，顿钻靠自重迅速向下冲击，破碎岩石。如此反复，使井不断加深。在此过程中，还须向井下灌水，将碎岩石混合成泥浆，便于用“扇泥筒”将泥浆提出。

图3–1 钻小口深井图
（引自：《四川盐法志》）

桑海井的井房。桑海井为井房所覆盖。井房高6 m，长14 m，宽6 m，是一个工棚似的木构建筑，以10根柱子为支撑（图3-3）。桑海井采用石圈和木柱固井，井口（图3-4）只有18 cm，井径为16 cm左右。木柱下，深度在64 ~ 125 m之间，井径为11.4 cm，而其下至井底，井径则为10.6 cm。井采到的卤为黑卤，产于三叠系地层（距地表约1 000 m），每升含盐100 ~ 150 g，因含有机物和硫化物，故呈黑色。过去提卤水用楠竹筒，现在提卤水用一根直径约8 cm的钢管。每次用钢管汲卤水约80 kg，卤水中含盐14%左右，可得盐11 kg多。

桑海井的天车。桑海井的天车，高18.3 m，由数百根圆杉木经辊工自下而上以麻绳捆扎而成，用于提捞汲卤。天车有4个脚，每个脚的直径50 cm。顶上架设天辊（天轮），地上有地辊（地轮），形成两个滑轮。铁制的地辊直径140 cm，厚25 cm，有30根条辐构成。天轮四周拉12根风篾稳定井架。

图3-3 桑海井的井房和井架（朱霞 摄）

燊海井的大车及相关制盐方法等。燊海井口的右面是一座宽14 m、长数十米以上的房子，房内设有一个提卤水的木制大车（图3-5）。大车呈圆柱形，直径约4.5 m，高2.5 m，中间以轴为车心，装16根车辐。大车周围设四根伸出车身的底杠，作为拴牛拉车的牛杠。绕于大车周围四分之三的扁带形竹篾为大车的制动装置，勒紧便可控制车动。提捞卤水时，将竹篾绳的一端固定在大车上，另一端绕经地轮和天轮，连接到井口的楠竹筒。然后将楠竹筒放入井中的卤水层，竹筒内的单向阀门自动打开，卤水灌入筒内。“打牛脚杆的”人赶4头牛拉转大车，提升装载卤水的楠竹筒。卤水提出后，操作者用手压住大车的制动装置，使大车停止转动。接着用铁钩子钩开楠竹筒的阀门，卤水遂入地上的桶里。

燊海井最早是用人力推转大车，一般需要8～12人，后来用4头牛拉转大车。现在已开始用电动卷扬机作动力，以钢筒取代楠竹筒，用钢绳取代竹篾绳。

图3-4　燊海井的井口（朱霞 摄）

图3-5　大车（朱霞 摄）

井房旁边的台阶上设灶房。房顶上漏风，可以使房内处于良好的通风状态。房中保留着传统的平锅灶。现有8口铁制平底锅，直径160 cm，厚25 cm。过去是用生铁铸造铁圆锅，现在用钢锅（图3-6）。主要制盐工具还有灶宠子、铁铲、烟子扁、磨盐扁等。

制盐的主要原料为黄卤、黑卤和盐岩卤3种。过去挑水工把卤水挑到灶房，倒入盐锅中制盐。现在先用水泵将卤水抽到山上的大水池，再通过水管输到大锅。燃料为燊海井自采的天然气，俗称火井，输气设施是打通竹节的楠竹筒，竹筒埋在地下。

燊海井采用花盐生产法，即用天然气熬制。现在的花盐生产工艺为低压火花制盐，其工艺分为浓缩卤水、注入豆浆、淋花水和下母子渣盐等工序。这里生产的原盐氯化钠含量高，水分少，杂质少，具有色白、无污花等特点。笔者调查时发现，该井每天可产2 000 kg多食盐。

图3-6 在灶房中煮盐（朱霞 摄）

三、技术史价值

中国自战国末期已开始凿井制盐，而北宋时期发明的顿钻是世界钻井技术史上的一项标志性成就。燊海井是继承了中国古代钻井技术的清代工业遗产，它也成为传统井盐生产的“活化石”，有着特殊的技术史价值和工业史价值。

1988年，燊海井被国务院列为全国重点文物保护单位。燊海井的传统制盐技艺被列入国家非物质文化遗产保护名录。目前天车井架、采卤井、踩架、碓房、大车房、灶房、柜房、盐锅和盐仓等科技文物已得到保护，并可供游人观览。

（朱　霞　李晓岑）

3号炉
4号炉

温州矾矿

一、概 况

浙江省温州市苍南县矾山明矾石矿是世界上最大的矾矿，明矾石主要分布在矾山镇的水尾山、鸡笼山、大岗山、砰棚岭、马鼻山5个矿区，储量占世界的60%。[①]其明矾生产自明朝以来已有600多年历史，按经营方式可分为3个时期[②]：①明清时期，以农家副业生产为主；②清末、民国时期，出现振华公司、东瓯实业和兴记矾厂等炼矾企业，以小规模民营为主；③1950年之后，矾业生产走向国有化，逐渐实现由传统生产到现代化生产的转变。1955年矾山明矾业组建浙江省平阳明矾厂矿联合公司，1956年矾山明矾全业合营，采矿和炼矾两业统一为国营采炼联合企业，成为中国明矾生产和明矾石原料生产基地，曾先后更名为温州化工厂平阳矾矿、浙江省平阳矾矿和温州矾矿[③]。

温州矾矿生产分为矾矿开采和明矾炼制。矾矿开采于明代早期，采用挖掘“黄土头”的手工采矿法，通过看矿石纹路和斑点，用铁锤敲开，就地筑灶烧炼。这是集采炼于一体的游动型农副业生产方式。明清时期至民国中叶，开采方式转为“火烧地垄法”，即以火攻石的方法。矿工通过观察矿岩纹路，选取大块矿石或在岩壁边，用一块扁平耐火石板和三块“牛公石”砌成“火龙灶”[④]，灶中架柴燃烧4～5小时后，向矿石或岩壁泼冷水，暴热的矿石因骤然遇冷收缩而产生裂缝，随即沿裂缝敲打、撬开进行采掘。民国中叶开始采用“凿眼爆破法”，即先手工凿眼，后装填黑火药爆破。1956年之后建设南洋平硐，

---

① 张传君．世界矾都——700年矿山采炼活化石[M]．杭州：浙江摄影出版社，2016：20-21.

② 政协浙江省苍南县第七届文史资料委员会，编．矾矿专辑[M]．苍南文史资料第十九辑，2004.

③ 为行文方便，文中皆以“温州矾矿”相称。

④ 张传君．世界矾都——700年矿山采炼活化石[M]．杭州：浙江摄影出版社，2016：113.

使用空压机和风钻进行机械化采掘，但运输仍延续“肩膀加扁担”的方式。20世纪60年代开始，矿山采矿实行机械化生产，采用前进式不规则留柱全面法，先采用风钻打眼，然后装硝铵炸药进行爆破，再经人工二次破碎，达到规定块度，最后装车运送炼矾厂。[①] 这种不规则留柱空场采矿法一直沿用至21世纪初，并采用开拓与井巷掘进等技术，基本实现采矿、运输等的机械化生产。

温州矾矿明矾炼制一直采用中国传统“水浸法”。无论是早期还是现代化发展时期，生产设施的创新均是在本土工艺基础上进行的，因此不同于欧洲和日本等国家和地区的

图4-1　20世纪七八十年代的温州矾矿（萧云集 提供）

① 引自：温州矾矿文史室档案，基本建设档案8.01-048《1962～1966年基建设计任务书和“三年规划”》。

明矾生产，保持着其生产工艺的独特性，形成了蕴含内生性技术传统的工业遗产。早期水浸法炼矾工艺主要有3道工序，即煅烧——溶解——结晶；而后逐渐改进为煅烧——风化——溶解——结晶，即将明矾矿石煅烧脱水可溶性熟石，使其经过几十天的风化之后，运送至溶解加温池，用水反复洗砂，得到适当温度和浓度的矾浆（即富含硫酸钾和硫酸铝的溶液），并将其运输至结晶池，经数日结晶得到明矾。

早期煅烧采用“趴龟灶”，溶解和结晶则采用陶缸或木桶等家用容器。清代至20世纪50年代初，均采用“馒头形倒焰窑”煅烧，炼矾流程由初期煅烧、风化、溶解、结晶4个步骤改进为焙烧、浸出、风化、溶解和结晶5道工序，生产设施包括煅烧炉、风化池、浸出桶、洗砂池、无底木桶结晶池等。实施国有化之后，矾矿对生产设施进行现代化改造，1957年试验成功以烟煤煅烧明矾石的间断混料炉，废除使用了百余年的馒头形倒焰窑。[①]1960年5月，平阳矾矿在间断炉的基础上研制成功连续炉，全年节约引火木柴7 000余吨、煤5 000吨。[②]此后连续炉得到大规模应用，矾矿形成颇为壮观的工业景观（图4–1）。与此同时，老式水浸法炼矾工艺也得到改进，浸出和风化工序合二为一，改为焙烧、风化、溶解和结晶4道工序，各工序的设施得到改善。

二、现　状

目前，温州矾矿遗址（图4–2）不仅保留有近现代采炼明矾全套生产工艺设施，而且在南宋、矾山等地区还存有古代采炼遗址，它们较为完整地反映出明矾采炼生产工艺的历史演变过程。

矾山采矿遗存通常为开采后留下的矿硐和相关设施。温州矾矿现存有水尾山矿硐群、大岗山矿硐和鸡笼山矿硐群，其中鸡笼山雪花窟采矿遗址、大岗山溪光采炼遗址及鸡笼山南洋312平硐等处，分别为清代、民国时期和当代矾山开采的遗存，且部分采矿遗址得到相应保护。

鸡笼山矿区有数百年开采史，历经清、民国和中华人民共和国成立至今，乃温州

① 政协浙江省苍南县第七届文史资料委员会，编．矾矿专辑[M]. 苍南文史资料第十九辑，2004：103.

② 政协浙江省苍南县第七届文史资料委员会，编．矾矿专辑[M]. 苍南文史资料第十九辑，2004：104.

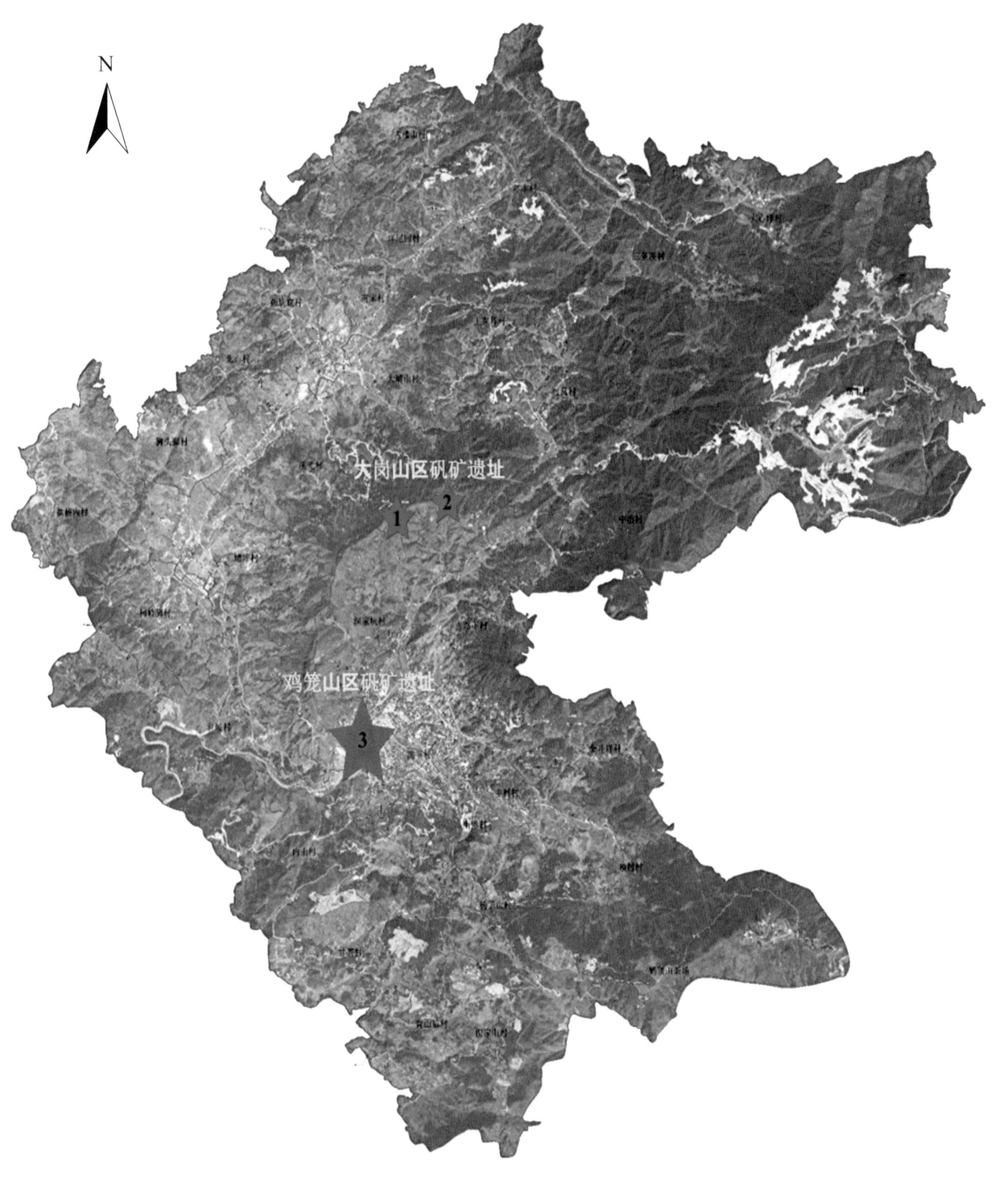

1. 溪光遗址 – 大岗山区；2. 鸡角岭遗址 – 大岗山区；3. 雪花窟遗址 & 温州矾矿主厂区 – 鸡笼山区。

图 4-2　浙江省温州矾矿（部分）遗址分布示意图（矾山镇）

矾矿主要采矿生产区。其中鸡笼山雪花窟遗址为清代“烧火龙”开采法的采矿遗址（图4–3），此处现存的矿硐为传统“烧火龙”矿硐，硐口宽1 m，高不足1.8 m。硐内采用木支架，空间狭小（图4–4），高不足1.5 m，延伸至20 m左右有坍塌，具体硐深不详。这种矿硐开采时碎石布道，寒气袭人，被矿工们称为“水烟筒、老鼠路”。

大岗山溪光采矿遗址是民国时期使用凿眼爆破法的开采遗存。与雪花窟相比，这里保留不止一处矿硐，且规模较大，部分矿硐的内部空间在后期被再利用，建有炼制明矾的溶解池、洗砂槽、结晶池等设施（图4–5、图4–6）。

南洋平硐始建于1956年[①]，是温州矾矿收归国有以后矾山采空面积最大、采矿层最多的矿硐群。矿硐从+190 m至+580 m共有10层矿硐，每层矿硐间隔40 ~ 50 m，并由石梯连接，辗转反复，宛如“地下迷宫”。其中南洋312平硐因地处南洋，海拔312 m，遂被命

① 引自：温州矾矿文史室档案，基本建设档案6.01–011《平阳矾矿1956年至1957年基本建设设计和上级审核意见》

图4–3　雪花窟硐口（冯书静 摄）

图4–4　雪花窟硐内3 m处（冯书静 摄）

图 4-5　大岗山采矿遗址洗砂槽（冯书静 摄）

图 4-6　大岗山采矿遗址结晶池（冯书静 摄）

名南洋312平硐，是目前保存较完整的现代采矿遗址（图4-7、图4-8[①]）。该平硐东西走向，长1 100余米，上下高差600余米，采空面积达55.8万m^2，体积289万m^3，每个上下层对应矿柱间隔在25 m之内，矿柱本身直径5～10 m不等。在采空区顶板（围岩以下）留1.2 m以上的护顶矿，形成房柱式结构。矿硐内的电力、照明和运输等保障设施保存较好（图4-9[②]、图4-10），反映出矾矿机械化生产状况及技术水平。

矾山采矿遗址见证了明矾矿采掘方法由传统手工开采，到借助火药打眼爆破，再到炸药定向爆破及采掘机械化生产的演进，充分体现了中国从古至今矾矿开采技术的进步。

目前，温州矾矿停产的炼矾工业遗存主要分布在鸡角岭、大岗山、鸡笼山、水尾山4个区域。

---

① 硐厅高5 m，面积约300 m^2，地上有砖砌的石凳和讲台，硐壁上留有“政治是统帅，是灵魂”等“文化大革命”时期的标语，硐厅可容纳700余人。20世纪60年代，矿工们常在此开会和看电影。

② 该绞车房建造于20世纪70年代初期，系当时最先进的矿井机械提升生产设备，可用于270、230、190矿井开拓延伸的机械提升。其一直沿用至1996年，后被矿井直线运输淘汰，现作为遗存保留。

图 4-7 南洋 312 平硐入口（冯书静 摄）

图 4-8 可容纳近千人的矿硐会议室（潜伟 摄）

图 4-9　绞车（270开拓延伸绞车房，冯书静 摄）

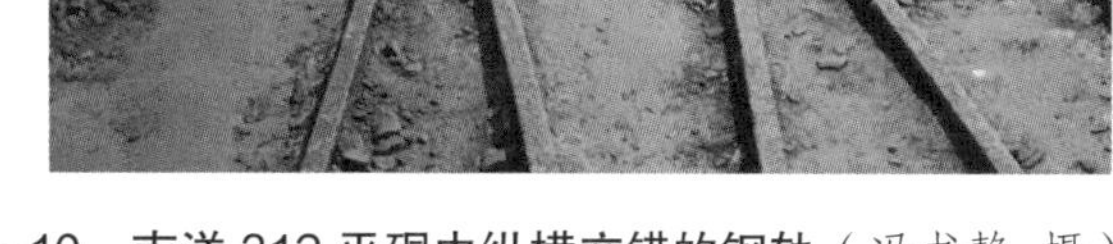

图 4-10　南洋312平硐中纵横交错的钢轨（冯书静 摄）

鸡角岭炼矾遗址残存有堆料场、煅烧炉（图4-11）、结晶池（图4-12）、风化池（图4-13）。煅烧炉部分残缺，为传统的“馒头形倒焰窑”（图4-14），窑基外形为长方体，四周用大石块和砖砌成，中部为叠置矾石和燃料的燃料室，上部为利用下部燃烧的热量溶解矾砂的砖砌锅，燃烧室与砖砌锅之间由小铁锅连接、传热。此类窑在1958年老窑改造以后已不再使用，且目前温州矾矿遗址中亦极少见这类窑。同时，该遗址结晶池由赤土加白灰夯成，属早期结晶池。风化池池壁下半部分由石材砌成，上半部分由砖堆砌。据当地相关人员介绍，该遗址前后经历清代、民国时期及中华人民共和国成立初期3个阶段。

大岗山区溪光炼矾旧址保留着矾矿采掘矿洞、风化池（图4-15）、溶解加温灶及烟囱（图4-16）、洗砂槽（图4-5）、结晶池（图4-17）和工人休息场地等基础设施。该遗址共有19个结晶池，各自大小就地形建成，通常深1.5 m左右，直径4 m左右，且其石板是就地取材制成的。根据结晶池底部沉积物可知，该工艺为沿用了600多年的带浆结晶技术，因而所得最底层的明矾较脏。据当地相关人员介绍，溪光炼矾遗址时处民国时期或20世

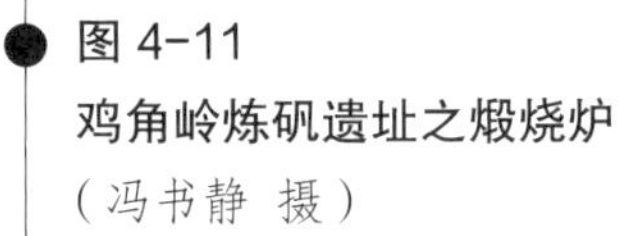

图 4-11
鸡角岭炼矾遗址之煅烧炉
（冯书静 摄）

图 4-12
鸡角岭炼矾遗址之结晶池
（冯书静 摄）

图 4-13
鸡角岭炼矾遗址之风化池
（潜伟 摄）

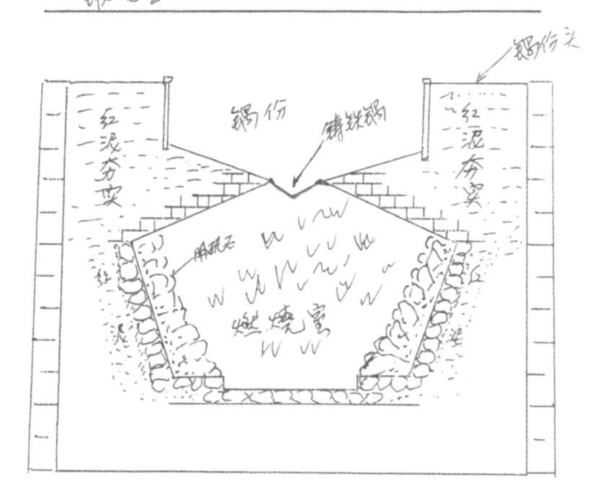

图 4-14　朱为党先生绘制的“馒头形倒焰窑”剖面示意图

图 4-15　溪光炼矾遗址之风化池（冯书静 摄）

图 4-17　溪光炼矾遗址之结晶池（冯书静 摄）

图 4-16　溪光炼矾遗址之加温灶烟囱（冯书静 摄）

纪50年代左右。

鸡笼山区域保存有较完整的现代炼矾工艺遗存，包括煅烧炉、熟石风化池、洗砂设施、结晶房、结晶池和储存仓库等。规模较大的煅烧炉群（图4–18）是矾矿最具可视性的工业景观之一。它们均为20世纪五六十年代研发和建设的连续混料炉，是中国现代炼矾工艺发展的见证。

熟石风化池（图4–19）建筑兼具苏联风格和中国传统木结构技术，为中苏建筑技术结合的产物。已停产的溶解房中保留有滚筒洗砂池及相关设施（图4–20），此为半机械化生产车间；滚筒采用木结构，而非纯金属设备，兼具中国传统手工业的特点。明矾结晶房由露天草棚改变为钢筋混凝土结构的结晶房，结晶池由无底木桶或赤土夯成的传统结晶池改为料石砌成的结晶池；其液料灌注和排放由人力挑担运输发展为用石槽、竹槽和手摇或脚踏式水泵配合运送，目前全部使用泵；结晶工艺也由传统的带浆结晶改为压滤结晶。

图4–18 煅烧炉群（冯书静 摄）

图 4-19 熟石风化池外观（左）及内部（右）（冯书静 摄）

图 4-20 滚筒洗砂池（左）及相关设施（右）（冯书静 摄）

三、技术史价值

作为世界上规模最大的明矾石矿采炼基地，温州矾矿见证了600多年来中国明矾矿采炼技术的发展全过程。古代遗存与近现代遗存并存，构成了由明清至当代的技术和工业景观。完整保存的现代生产工艺设施是中国本土内生性技术发展的产物，其技术在国际上具有独特性和唯一性，这是温州矾矿作为工业遗产的核心技术史价值之一。

2017年国家工业和信息化部将温州矾矿列入国家工业遗产名单。当地政府部门还支持建设温州矾矿博物馆，有待学者们进一步研究矾矿采矿、炼矾等古代遗存的形成年代和技术细节，为遗产和景观的合理保护提供学术支持。

（冯书静　潜　伟）

万山汞矿

一、概　况

万山汞矿遗址位于贵州省铜仁市万山区万山镇土坪村，是国内现存开采时间最早、历史最长、规模最大的汞矿遗址，是中国汞矿开采发展历史的一个缩影。

万山素有中国“汞都”之称。在唐代即以“光明丹砂”为皇室贡品。《明史》载有“太祖时唯贵州大万山司有水银朱砂场局”，但未说明汞矿的开采范围和产量。明初，手锤采挖很快取代原来的烧爆火窿，且在万山普遍推广。成立于1899年的英法水银公司将西方技术引入万山[①]，雇佣几百名童工与千余名工人，开采了小硐、大坨、大泥峭、苕窖硐、黑岩坨、张家塆、大硐等矿洞。[②]20世纪50年代初，这处汞矿厂已采用井下电灯、煤气发电机、竖式高炉等新技术。至60年代，汞矿生产向机械化转变。由于管理不当、投资失误和汞矿资源枯竭，汞矿于2001年10月实行政策性破产，相关的厂房、建筑、矿洞、工具和机械遂被废弃。

万山汞矿的生产工艺大致由探矿、采矿、选矿、冶炼4个步骤组成。探矿在早期全凭采矿工人的经验，以“见砂打砂”的方式边采边探，通过观察岩石结构、岩石颜色以及岩层线路走向来判断是否存有朱砂。之后，探矿技术逐渐发展为普查找矿、矿点评价、矿床勘探。

采矿经历烧爆火窿、手锤开采、机械开采3个阶段。在较长历史时期内，万山地区的采矿方式主要是“火爆法”。后来，普遍利用钢铁制成的羊角锤开采汞矿，提高了生产效

---

① 李杰．解放前的万山汞矿[J]. 贵州文史丛刊，1982(2).

② 贵州省万山特区地方志编纂委员会，编．万山特区志[M]. 贵阳：贵州人民出版社，1993：133.

率。英法水银公司以机器开孔，以炸药爆破，“每点钟可放五十炮”[①]。中华人民共和国成立后，万山汞矿进一步采用装岩机、电耙、电机车、装矿斗车、双臂双机液压凿岩台车等机械设备，生产效率得以提高。

选矿分为手选和机选两个阶段，手选分为淘洗选矿和溜槽选矿两种。淘洗选矿即把经过初步分拣的矿石盛入淘砂盆中，比重较轻的粉砂及碎石会被淘入水中，比重较大的朱砂矿则留在淘砂盘中。溜槽选矿（图5-1）则是将矿料倒入溜槽中，引适量清水流入槽中，用砂钩不断搅动矿料，矿料便在溜槽中自动分级。[②]机选则在小型浮选厂、重浮选厂和机选厂来实现。其中1981年8月建成的300吨/日机选厂实现了“机选蒸馏”流程，为当时全国汞行业规模之最。

冶炼经历了土法冶炼和新法冶炼两个阶段。土法炼汞主要有“篾灶法”和“煤灶法”两种。“篾灶法”即简单的“篾箩灶”，每次可炼矿石约15 kg。“煤灶法”是蒸馏法的改良，在收集水银的罐子中增加一根排气管，并使用煤作为燃料，提高了水银的回收率及操作的安全性。[③]20世纪初，万山汞矿引进高炉、沸腾炉和蒸馏炉等新的设备和工艺，逐

图5-1 “溜槽法”选矿
（图片来源：万山汞矿工业遗址博物馆）

① 史继忠.万山汞矿遗址[J].当代贵州，2008(3)：55.

② 李映福，周必素，韦莉果.贵州万山汞矿遗址调查报告[J].江汉考古，2014(2)：34.

③ 李映福，周必素，韦莉果.贵州万山汞矿遗址调查报告[J].江汉考古，2014(2)：35-36.

渐取代传统的冶炼技术。[①]英法水银公司用英国耐火砖建了两座方形“机械炉”，实际是手摇鼓风炉，采用还原法炼汞。英法水银公司撤走后，土法炼汞技术被恢复。20世纪中叶汞矿经历了几次设备和技术升级：1941年成功改良土灶，1958年后以竖式高炉取代改良灶，1967年建成2.5 m^2沸腾炉，1975年底开始采用日处理0.5 t精矿的电热蒸馏炉，之后又建三座日处理60.5 t的蒸馏炉。

二、现　状

万山汞矿工业遗产可分为矿洞遗址、工业建筑、厂房遗址以及部分采矿设备。2009年，万山汞矿工业遗产博物馆（图5–2）开馆，内设展示厅、陈列厅、演示厅，以标本、汞矿设备、文史资料、民族特色文物等展品反映汞矿生产工艺及其演变历史。

① 贵州省万山特区地方志编纂委员会，编．万山特区志 [M]. 贵阳：贵州人民出版社，1993：154.

图5–2　万山汞矿工业遗产博物馆（韦丹芳 摄）

图 5-3　黑硐子遗址（韦丹芳　摄）

矿洞遗址主要包括仙人洞、黑硐子、云南梯洞子3个部分，地表面积共计2.5 km^2，采掘面积达32 000 m^2。矿洞内留存大量遗迹、遗物，独特的采矿、选矿和冶炼等传统生产工艺。其中仙人洞内有可容纳千人的厅堂，厅堂内壁坑道纵横交错，并与黑硐子遗址连成一体，形成巨大的地下网络。坑壁有许多标记，是古人用以标明矿床及掘进方向的记号。顶棚留有硕大的疤痕，是古时“以火攻石”的印记。黑硐子（图5-3）现存采掘面积15 000 m^2，矿洞86口、坑道27条和5 000 m^2的采掘场1处，洞内保留着不同时期的开采和冶炼遗迹，其中“烧火窿”矿洞内有矿柱、隧道、标记、刻槽、石梯等遗迹。云南梯洞子由3个洞口组成，有600余年历史。主洞口内有巷道24条，也保留着刻槽、矿柱、标记、隧道等遗迹。上述3个矿洞遗址均得到保护。仙人洞已被辟为景区，部分矿洞向游客开放。

现保留的近现代工业建筑可分为3个区域。张家湾工业设施包括冶炼厂冶炼炉车间（图5-4）、炸药仓库、杉木董竖井、300吨/日机选厂。其中，冶炼炉车间建于1953年，安装有高炉、沸腾炉、蒸馏炉，其中蒸馏炉冶炼工艺较为先进，现保存完好。土坪社区的工业建筑主要有建于20世纪50年代的子弟小学、大礼堂（图5-5）、苏联专家楼（图5-6）、技工学校、湘黔汞矿公司、三角岩工人村遗址（图5-7）。其他厂房和建筑包括20世纪50年代的冶金化工厂、水泥厂、汽修厂、电厂、机修厂、玻璃厂、大龙砖瓦厂以及苏棚和万司等元明建筑遗存。

冶炼厂内也存有较完整的现代炼汞生产设施，而万山汞矿工业遗址博物馆收藏着一些可移动的采炼设备，如冶炼用的板式皮橐鼓风工具（图5-8）、矿山设施和其他附属设备（图5-9）。

图5-4　冶炼厂冶炼炉车间（杨路勤 摄）

图 5-5 贵州汞矿礼堂（韦丹芳 摄）

图 5-6 苏联专家楼（韦丹芳 摄）

图 5-7 三角岩工人村遗址（杨路勤 摄）

图 5-8　冶炼鼓风工具（韦丹芳 摄）

图 5-9　复原的英法水银公司时期冶炼炉（韦丹芳 摄）

三、技术史价值

万山汞矿遗址再现了古代到近现代的汞矿采炼生产技术发展的全过程，是研究中国汞矿技术史和工业史的宝贵遗迹。

万山汞矿遗存反映了600多年间汞矿采炼从手工作业到机械化生产的转变。矿洞、厂房车间、机器设备、生活设施、博物馆等构成完整的工业景观，展现了不同时代的采矿、选矿和冶炼的成套工艺。朱砂开采有明代的烧爆火窿、清代的手锤采挖、近代的火药爆破和当代的机械化作业。水银生产有磁吸水淘、水飞炮制砂粉、水火炼汞、蒸篓密闭馏取等工艺和现代冶炼蒸发工艺。万山汞矿遗址在2006年5月被国务院批准为第六批全国重点文物保护单位，2012年11月被列入中国世界文化遗产预备名单。今后，有必要进一步研究汞矿遗址的价值，做出更合理的保护和开发。

（韦丹芳）

福州船政

一、概　况

晚清洋务运动时期，洋务派官员先后创办20多个军工企业，其中最重要也最具代表性的2个大厂是1865年创建的江南机器制造总局和1866年创建的福州船政（图6-1）。福州船政由左宗棠奏请创办、船政大臣沈葆桢主持建立，是中国近代第一个大规模的舰船

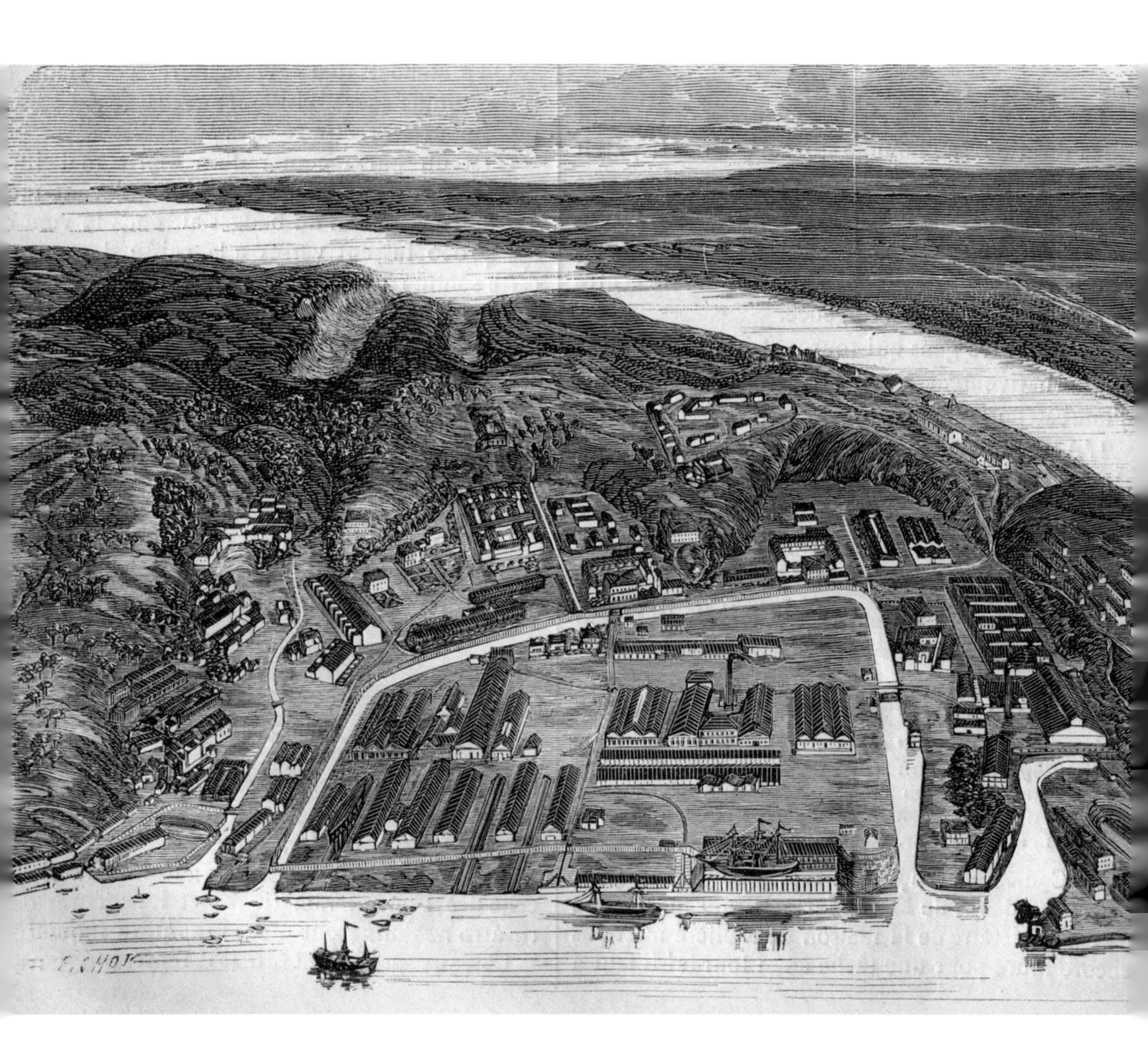

制造工业基地。船政于1868年建成并开始生产，通过引进法国的技术和技术人员，初步掌握了仿造船体、动力机械和配套零部件的能力。例如，动力机械的制造由绘事院、木模厂、打铁厂、铸铁厂、轮机厂、合拢厂、水缸厂等各车间分工合作完成。其中，合拢厂相当于总装车间（atelier de montage）。1871年6月底，船政参照从法国订购的产品，仿制出150马力蒸汽机及配套锅炉。

图 6-1　福州船政厂区全景画
（图片来源：中国船政文化博物馆）

图 6-2　1872 年船政轮机厂制造的蒸汽机
（图片来源：中国船政文化博物馆）

从1869年6月10日第一艘军舰“万年清”（图6–5）号下水，到1907年停产前，船政共制造各类舰船40艘[1]，这些舰船主要装备清朝的北洋、南洋、广东等水师。其中，1888年建成的“龙威”（“平远”号[2]，图6–6）舰是船政建造的第一艘有钢甲防护的军舰，代表了其造船的最高水准。它在设计上主要仿造法国海军“悲河”（Achéron）级装甲岸防舰，舰长60.05 m，排水量2 150吨，配备2台双轴推进立式三胀蒸汽机，总功率2 400指示马力（ihp），航速10.5 kn，以一门260 mm口径克虏伯后膛炮为主炮，造舰所用的钢料、锅炉、火炮等均自欧洲采购。船政前学堂首届毕业生暨船政首批留欧学生在“龙威”建造过程中发挥了重要作用。

① 福州市地方志编纂委员会，编，沈岩，主编．船政志[M]．北京：商务印书馆，2017：130–141.

② 军舰开工时命名为“龙威”，1890年入列北洋水师后更名为“平远”。下文中统称为“平远”。

图6–3　正在建设中的船政厂区

1870年英国摄影师约翰·汤姆森（John Thomson）拍摄的船政厂图片，底片原件现藏于英国伦敦维尔康姆图书馆（Wellcome Library）。图中左侧远处冒黑烟的烟囱下为船政的轮机厂，近处尚未拆除脚手架的烟囱下为打铁厂和拉铁厂的锅炉房（图片来源：中国船政文化博物馆）

图 6-4　从天后宫俯瞰船政景
（图片来源：中国船政文化博物馆）

图 6-5　正在建造军舰的船台[1]
（图片来源：中国船政文化博物馆）

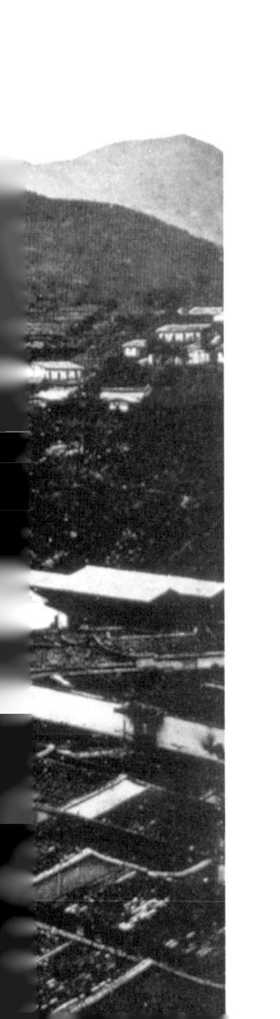

① 据推断，此舰可能是船政建造的第一艘军舰“万年清”号。

图 6-6 “平远”号（拍摄于甲午战争被日本海军俘获后）

图 6-7 船政后学堂第一届学生合影
（图片来源：中国船政文化博物馆）

1866年船政创设技术学校——求是堂艺局，即后人通常所称的船政学堂，开中国近代技术教育之先河，培养出中国近代第一批技术人才和水师军官。它分为前学堂和后学堂，培养海军军官、工程师和技术工人。船政还先后派遣四批学生赴欧洲留学、实习，其中既有制造、驾驶、路桥、矿冶、兵器、电报等技术领域的学生，也有修习数学、物理、外语和国际法的人才。魏瀚等毕业生参与或主持了船政后期多艘军舰的设计建造。近代思想家严复、曾在船政修习的詹天佑、担任过民国海军总长的萨镇冰和刘冠雄、矿冶专家池贞铨、法国文学的翻译者王寿昌等人以各自不同的方式将船政的影响力带到中国社会发展的不同领域。

绘事院（école et bureau de dessin）既是船政生产的重要部门，也是船政技术教育的组成部分。在第一年的学习结束之后，前学堂的部分学员被分配到绘事院学习制图，称为“画童”。画童须学习法语、算术、几何以及画法几何等课程，并专攻150马力①船用蒸汽机的测绘，每天还要有一定的时间到车间参与劳动，近距离接触蒸汽机及其相关机器设备。②画童毕业后多数留在绘事院工作。1875年，第一届毕业生汪乔年、吴德章等人绘制了50马力蒸汽机及其驱动的军舰等图纸，并且据此监造成“艺新”号军舰，这证明绘事院培养的人员具备基本的测绘和设计能力。不过，直到19世纪90年代，船政仍然以模仿外国军舰设计和购置外国原材料等为条件进行生产，而代表船政最高造舰水平的“平远”舰在以外购军舰为主力的北洋水师中居于次要地位。

民国时期，船政先后改名为福州船政局、马尾造船所，以船舶修理为主，后来少量制造飞机。原有的前后学堂正式与船厂剥离，成为海军部直辖的海军学校，并恢复招生。抗战期间，马尾遭到日军轰炸并被占领，船厂的厂房设施遭到洗劫，海军学校则迁往贵州桐梓。1958年，福建省马尾造船厂在船政原址成立，以民用船舶建造为主，船政原有的部分车间、厂房、船槽等仍继续使用。2016年，马尾造船厂整体搬迁至粗芦岛，旧址重新规划建设，成为“船政文化景区”的一部分。

---

① 此处的马力为虚马力（nhp，nominal horsepower），大约相当于600 ihp。下文的50马力也是指虚马力。

② Giquel, Prosper. *L'Arsenal de Fou-Tcheou: ses résultats*. Shanghai: Imprimerie A. H. de Carvalho, 1874: 23–24.

图6-8 合拢厂（一层）**和绘事院**（二层）（李明洋 摄）

二、现 状

船政的机器设备到1949年已所剩无几，厂房因经历战争和不同时期的改建而面目全非。目前有一号船坞和少数建筑保持原有结构，其中以轮机厂、合拢厂与绘事院最具代表性。它们是连体建筑，轮机厂分为对称的两部分，合拢厂位于中间，绘事院位于合拢厂二层（图6-9～12）。这一组建筑于1867年建造，轮机厂占地面积2 400 ㎡，合拢厂占地面积800 ㎡。厂房采用法国同类建筑的设计方式，主要建筑材料选用产自厦门的优质红砖，地基用船政附近山上的石头，跨度达到20 m的横梁是用购自新加坡的木材加工而成的，作为支撑的120根重2.5 t的铁柱是船政自行铸造的。[①]在1884年中法马江之战中，合拢厂及绘事院均遭到严重毁坏。1938年，轮机厂南半部被日军飞机炸毁。

除了轮机厂、合拢厂与绘事院等建筑，船政遗留的建筑还有1893年建成的一号船

① Giquel, Prosper. *L'Arsenal de Fou-Tcheou: ses résultats*. Shanghai: Imprimerie A.H.de Carvalho, 1874：6.

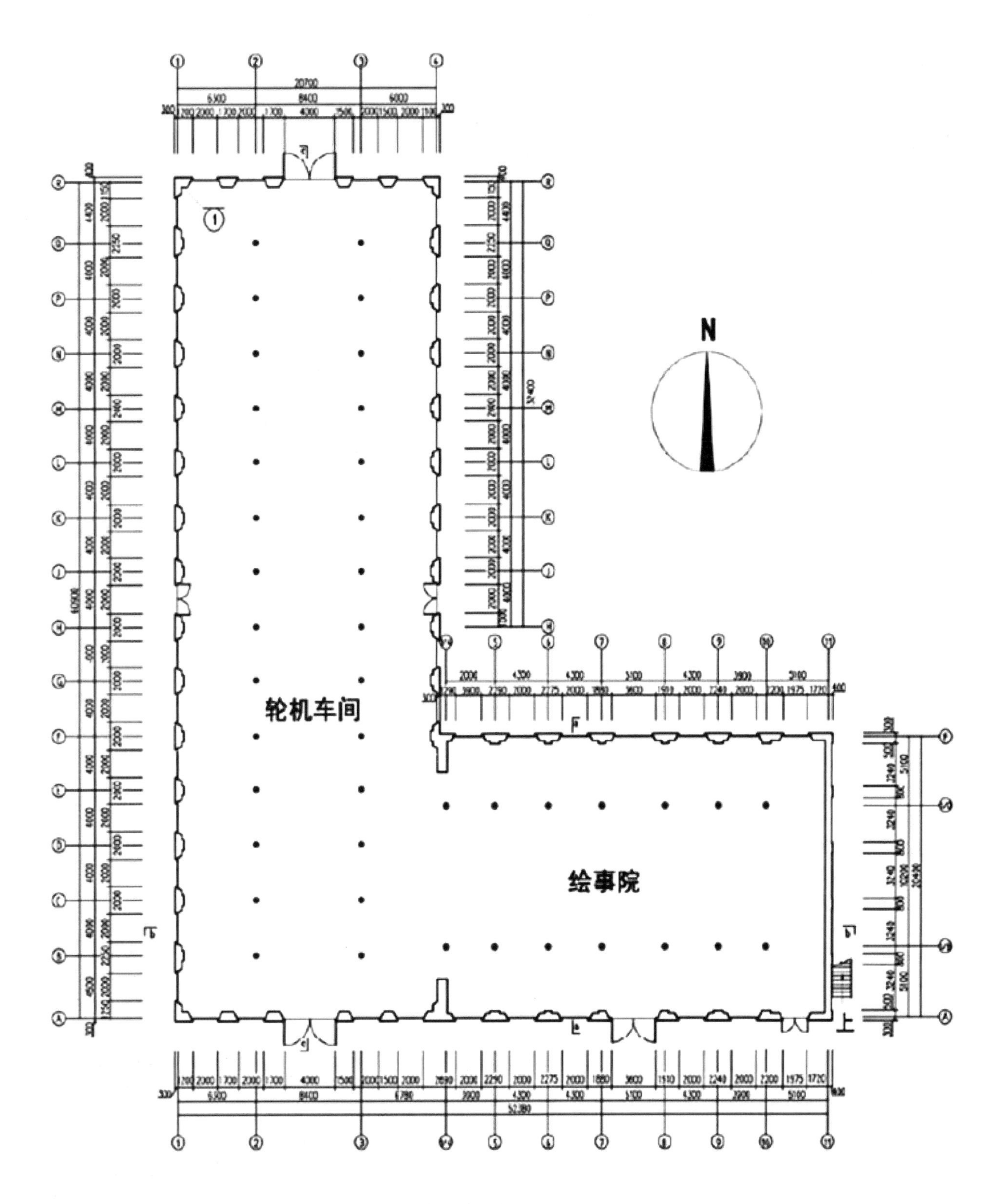

图 6-9　轮机厂和合拢厂平面图（合拢厂之上为绘事院）
（图片来源：陈运合《福州马尾工业建筑遗产动态保护及再利用研究》）

图 6-10 船政旧建筑遗址（李明洋 摄）
［船政旧建遗址图的左侧二层建筑为合拢厂（一层）和绘事院（二层），图的右侧建筑为轮机厂］

图 6-11 轮机厂外观（张柏春 摄）

图 6-12　合拢厂与轮机厂连接处（张柏春 摄）

图 6-13　轮机厂内部（张柏春 摄）

坞，1870年前后建造的铁水坪，1887年铺设的沪尾（淡水）-川石海底电缆遗址，1886年初建的马江昭忠祠，1885年修缮的英国教习寓所（原英国领事馆），1866年树立的“船政官界”石碑、船政大臣示禁碑，以及船政相关人员的故居、墓地、题刻等。其他可移动文物，多数收藏、陈列于中国船政文化博物馆（图6-14）、马尾造船厂和福建省博物院。其中包括清廷表彰洋员的金质、银质奖章，船政关防及前后学堂的印章，19世纪末学堂使用的几何教材，各种口径的克虏伯炮、阿姆斯特朗炮，法军用步枪、鸟铳、清军用步枪刺刀和腰刀等枪械，船政1号军舰“万年清”的船员月薪清册，以及当时留下的各类照片。

图6-14 中国船政文化博物馆（张柏春 摄）

三、技术史价值

福州船政旧址是19世纪中国工业化和技术近代化的重要历史遗存，具有重要的技术史价值[①]。轮机厂、合拢厂和绘事院的建筑见证着中国近代早期船用蒸汽机的制造和第一

① 在上海江南制造局原址已经没有此类建筑幸存的情况下，福州船政的厂房和绘事院建筑的历史价值显得更加重要。

图 6-15　**复原的前学堂**（李明洋 摄）

批技术人员的成长。这三种功能的建筑在1991年成为福建省文物保护单位，2001年升为全国重点文物保护单位。当地政府将“船政文化”作为马尾乃至福州的名片，初步规划成“船政文化景区”，主要包括“两园两馆一船坞”，即马限山公园、罗星塔公园、中国船政文化博物馆、中法马江海战纪念馆、一号船坞。2013年“马尾·中国船政文化城”被正式列入福建省文化产业十大重点项目。2016年船政创办150周年之际，随着马尾造船厂的整体搬迁，船厂旧址改造成船政格致园，复原了船政衙门、前后学堂等建筑。

轮机厂、绘事院等建筑曾被用作马尾造船厂厂史陈列馆、马尾造船历史陈列馆。由于马尾造船厂的搬迁，这些建筑现已停止对外开放，将统一进行规划改造。如果利用这些建筑建设一个工业博物馆，集中陈列船政遗物及有关造船和航海的机器设备等主题文物，同时利用现代技术展现不同历史时期的造船工艺和航海技术，船政遗址将更具技术、工业和文化的价值。

（李明洋）

开滦煤矿

一、概 况

开滦煤矿前身为开平矿务局，开滦由开平矿务局和滦州矿务局合并而来，迄今已有140年历史，是从建矿至今从未迁址和中断经营的企业，多个工业遗存被列为全国重点文物保护单位，被誉为中国近代工业的活化石。

开平煤田位于燕山余脉与华北平原接壤处，地势东高西低，北高南低。矿区内地质构造复杂，煤系地层为古生代石炭纪、二叠纪，主要有砂岩、粉砂岩、黏土岩、薄层石灰岩等组成。煤系地层中含有可采煤层10个，中间多为砂岩。煤层平均厚度15 m左右，地质储量为42.07亿t，自1878年建矿至今已采煤近11亿t。

开平煤田早期勘查是由德国地质学家李希霍芬进行的，但十分粗略。1878年6月20日，开平矿务局正式挂牌成立，定为官督商办。唐廷枢在办矿之始，摸清了开平煤田的浅部煤层、煤质（图7–1、图7–2）。1881年唐山矿1号井竣工投产，为中国大陆第

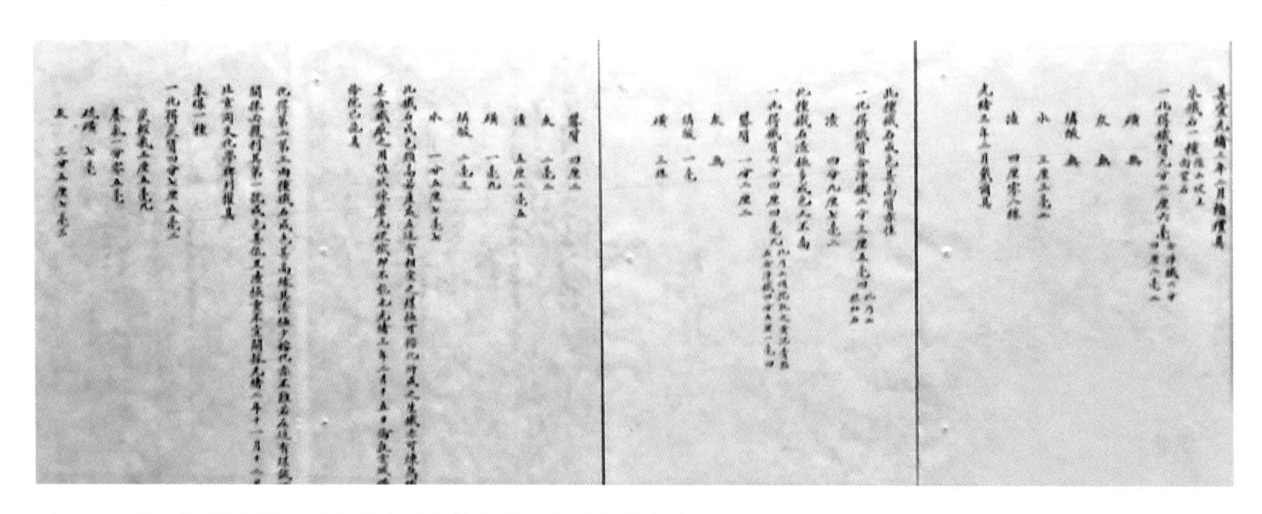

图 7–1　唐廷枢勘察煤层时由北京同文馆和英国化验师做出的煤质化验报告

图 7-2　外籍矿师勘察采矿图（1878）

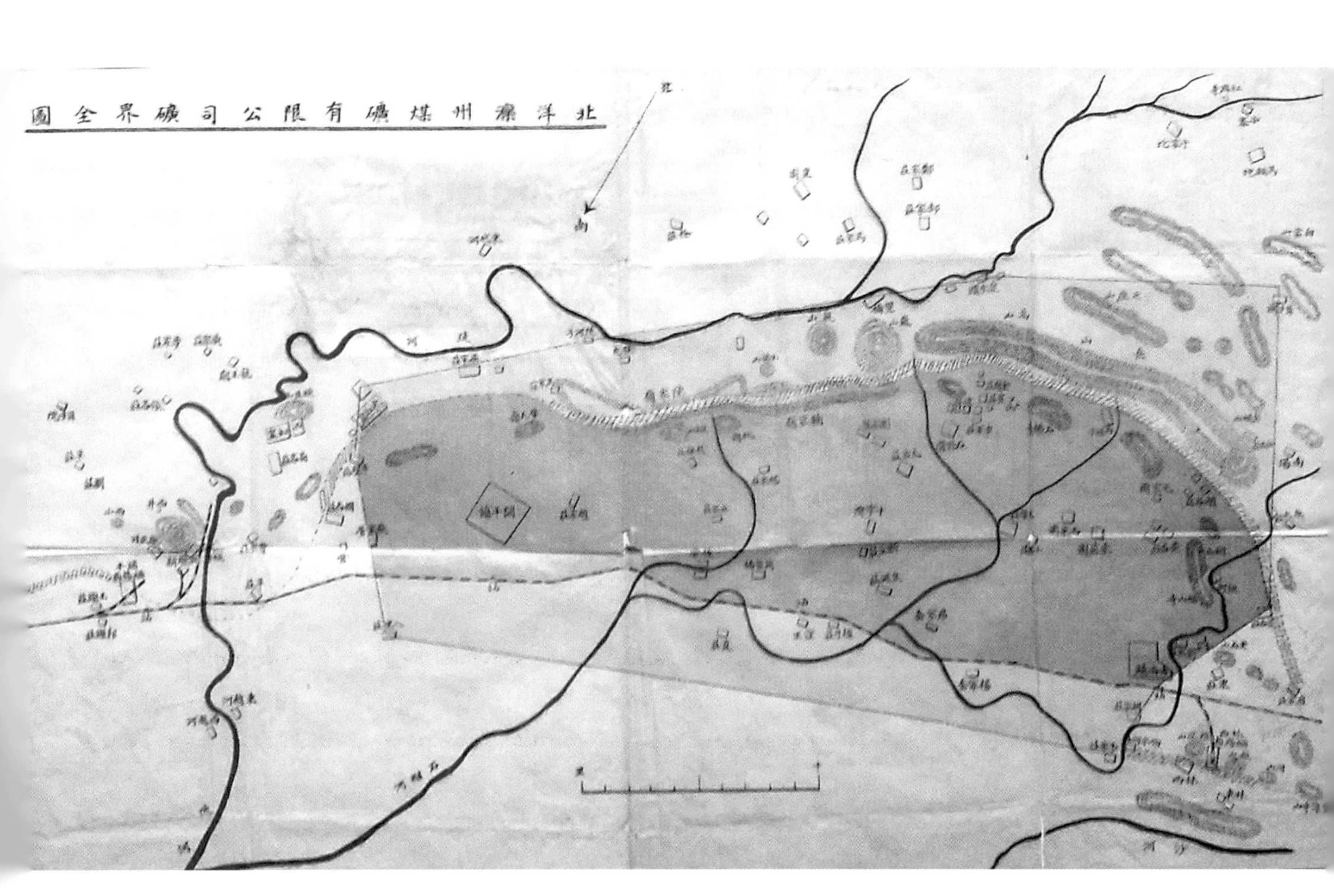

图 7-3　北洋滦州官矿有限公司矿界全图

一个用“西法”开凿的机械化矿井。同年，建成中国第一条标准轨距铁路——唐胥铁路；制造中国第一台蒸汽机车——龙号机车；成立中国第一个铁路公司——开平铁路公司；开挖第一条专门用于运输煤炭的人工运河——胥各庄至阎庄运煤河。1898年，经清政府批准在秦皇岛兴建码头，后相继在牛庄（营口），天津河东、河西，塘沽，广州，烟台，香港荔枝、九龙，上海日晖、浦东、吴淞建立了11个码头，购得6艘运煤船，成立船队。1900年，八国联军入侵，开平矿务局被英商骗占，更名为“开平矿务有限公司”。1906年袁世凯札饬周学熙筹办滦州煤矿，定名“北洋滦州官矿有限公司”（图7–3）。1912年，开平、滦州两公司签订“开滦矿务总局联合办理正式合同”，“联合”营业，名为“开滦矿务总局”，实权掌握在英人手中。1941年，日军占领开滦，实行军管，称为“军管理开滦矿务总局”。

1948年12月，唐山解放，成立驻开滦煤矿总军事代表办，1952年英方总经理溺职，开滦煤矿由中央人民政府燃料工业部代管，设开滦煤矿总管理处。1952年12月，开滦秦皇岛办事处移交秦皇岛港。1999年12月开滦矿务局改制为开滦（集团）有限责任公司，现已建成集煤炭生产、洗选加工、煤化工、现代物流、金融服务、文化旅游、装备制造、热电、建筑施工等多产业并举的大型企业。

开平矿务局创办初始，李鸿章考虑到技术力量薄弱将会制约煤矿发展，指示唐廷枢“应以订请矿师为第一义”，并说“非重价不能罗织东来”。1879年开平局已雇佣9名英国工程师。19世纪80年代初，外籍技术人员增至20人。开平镇设有化学与冶金学部，拥有测试矿石与金属的仪器设备（图7–4），开办了一所实用化学与冶金学学校，为开平煤矿奠定了最初的科学技术基础。

图7–4　开平矿务局钻探的一组岩心

在唐山矿区，开滦共建有11座矿井，先前开凿了5个，按照时间顺序分别是唐山矿、林西矿、马家沟矿、赵各庄矿、唐家庄矿，俗称“老五矿”。中华人民共和国成立后又陆续开凿了范各庄矿、吕家坨矿、荆各庄矿、林南仓矿、钱家营矿、东欢坨矿。平均每十年就有一座新的矿井投产。其中唐山矿是兴办于洋务运动中的“中国第一佳矿”；范各庄矿是我国自行勘探、设计和施工的第一座大型机械化矿井，被誉为“新中国第一矿”。目前开滦集团正在进行规模扩张，形成了河北唐山、蔚州矿区，山西介休、内蒙古鄂尔多斯、新疆准东矿区，加拿大盖森在内的煤炭生产和开发布局。

二、现　状

开滦煤矿经历了各种磨难和战乱，甚至唐山大地震的摧残，但企业从未搬迁，经营从未中断，因而留下了大量颇具特色的工业遗存，其中一些老的工矿建筑、设施和设备仍在使用。该矿现在完整保存着唐山矿1～3号井、达道、唐胥铁路起点3处近代工业起步时的遗迹，以及早期的发电设备和档案等可移动文物。

唐山矿1号井（图7–5）是中国近代机械采煤的发端，具有很高的历史价值。清光绪四年（1878），洋务运动先驱唐廷枢受命于北洋大臣、直隶总督李鸿章以西法开凿唐山矿1号井。该井在光绪七年（1881）建成出煤，井深600英尺（约183 m），井筒为圆筒形，料石砌井壁，井径4.27 m；井架当时采用木结构，高20余米，天轮直径2 m，采用自重15 t的三层罐笼提煤。井下巷道完全按西方近代大煤矿的采掘工艺布置，形成最早的竖井多水平阶段石门开拓方式。后经多次技术改造，现延伸至井下九水平[①]，提升高度–543 m。该井至今已服役140年，仍是年产400万t矿井的主力提升井。与1号井比邻的2号井、3号井分别建于1879年、1898年，是与1号井配套的生产系统，2号井也是中国近代工业中采用西法开凿的最早矿井，3座矿井分工明确，构成了完备的提升系统，至今保存完好，仍在使用。

百年前修建的达道是中国近代工业史上最早的铁路公路立交桥。光绪二十五年

① 九水平是指矿井开采水平。开采水平是矿井开采专业术语，一般将有井底车场、阶段运输大巷的巷道都称为开采水平，开平矿务局早期开采水平以英尺计，后通用为米计。九水平是从最浅部的一水平向下依次延伸形成的，但各水平之间的距离并不完全相同。

图 7-5　唐山矿 1 号井

图 7-6　位于唐山矿 1 号井北侧的达道上方的石碑

（1899），为贯通1号井与其附井（西北井）之间的煤炭运输线路，在原广东街路基下开凿了一条南北走向的隧道式桥洞，称为“达道”。达道为拱形券砌式隧洞结构，采用掏挖方法开凿，净高5.7 m，宽7.65 m，全洞长65.1 m。南北洞口上方各镶有一块石碑，上书“达道光绪己亥二十五年四月初四日开平矿务局”（图7–6）。隧洞从地基到券顶全部为条型料石券拱而成，虽历经百年，特别是1976年唐山大地震的考验而丝毫无损，时至今日，其下仍在通行火车。

1881年，开平煤矿创始人唐廷枢冲破重重阻力，修筑了中国第一条标准轨距的铁路——唐胥铁路，英国人金达主持制造了中国第一台蒸汽机车——龙号机车。唐胥铁路东起唐山矿1号井，西至胥各庄，采用标准轨距（1.435 m），初建时每米轨重15 kg（30磅/码），后更换重轨。唐胥铁路收归国有后多次改建，现仅在唐山矿内保存起点一段原轨道（图7–7）。开滦博物馆内现存的唐胥铁路1880年钢轨已被定为国家一级文物。全长8.02 km的运煤铁路，后向东西分别延展至山海关和天津。1911年，以唐胥铁路为肇始的中国第一条干线铁路——京奉铁路修筑完成。

林西发电厂5号发电机组于1931年由英国茂伟公司（Metropolitan-Vickers）制造，1932年安装于林西电厂，1993年停止运行。现存于开滦国家矿山公园电力纪元1906分展馆（图7–8～9）。该机为单缸轴流冲动凝汽式，转子由22级组成，第1级为双列速度级构成，第2级至第22级是冲动级，在第15级后是回热抽汽。

该机蒸汽参数：压力1.3 MPa，气温350 ℃，发电机容量为13 750 KVA，

图7–7　唐胥铁路起点——唐山矿（上）和唐胥铁路0公里纪念碑（下）

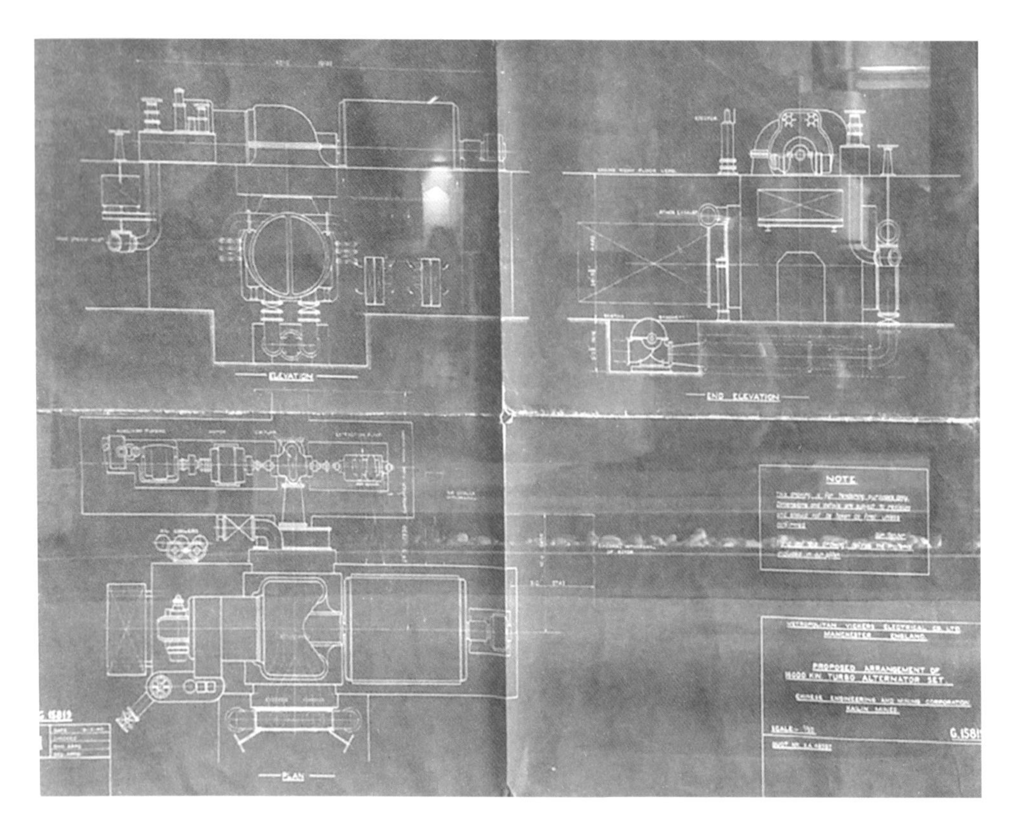

图 7-8　开滦林西发电厂 5 号发电机组安装图纸

图 7-9　开滦林西发电厂 5 号汽轮发电机组

电压2 200～3 620 V，功率因数0.8，频率原为25 Hz，后改为50 Hz；该机经济出力为10 000 kW，允许超出力2 000 kW；汽轮机与发电机直接连接，转速1 500转/分。

三、技术史价值

开滦煤矿的兴建在中国近代技术史和工业史上具有开创意义。它是洋务运动时期兴办最早而且持续经营的大型煤矿企业，拥有近代中国大陆第一座机械化矿井，开办了第一个商办铁路公司，生产了第一桶机制水泥等，又是中国早期工业化及煤矿开采技术发展的典型代表。其中，至今还在作业的开滦唐山矿1号矿井是近代中国机器采煤业起源的见证，现存的“老五矿”及附属设施是典型的中国早期矿业遗迹，为研究中国近现代采煤技术的引进和发展提供了珍贵的第一手资料。

开滦唐山矿工业遗存已经被列入第七批全国重点文物保护单位。2018年被列入中国科学技术协会颁布的国家工业遗产名录，2019年入选工业和信息化部国家工业遗产（第二批）。此外，开滦集团支持成立了开滦煤矿博物馆，与之相关的近代机器设备、设施和档案文献得到了进一步的保护。林西、赵各庄等矿的近代重要工矿设施和建筑等遗产有待进一步挖掘和保护。

（王立新）

汉冶萍公司

一、概　况

钢铁冶金业是中国近代工业化的重要领域之一，其典型代表是创办于晚清的汉冶萍公司。汉冶萍公司的前身是由张之洞（1837—1909）于1890年创办的汉阳铁厂，其创办目的是为即将兴建的卢汉铁路（卢沟桥至汉口）生产钢轨。1894年，坐落于汉阳龟山脚下，汉水南岸的汉阳铁厂建成投产，大冶铁矿同时得到开发。1896年，盛宣怀（1844—1916）接手汉阳铁厂，并且为解决铁厂的煤焦供应问题而开发萍乡煤矿。1897年，铁厂开始向卢汉铁路供应钢轨。1908年汉阳铁厂、大冶铁矿和萍乡煤矿合并成立汉冶萍煤铁股份有限公司，一度成为远东最大的钢铁联合企业，1922年之前1/3强的中国铁路建设所用钢轨来自汉冶萍公司。1925年，汉阳铁厂和大冶铁厂的冶炼生产停工，公司迅速走向衰败。1937年全面抗战爆发后，汉阳铁厂的部分设备西迁重庆，用于建设后方最大的钢铁企业——钢铁厂迁建委员会（简称“钢迁会”）。

汉冶萍公司作为近代中国首家大型煤铁联合企业，兼具煤矿、铁矿开采和钢铁冶炼等重要产业功能，其生产系统（图8-1）主要由钢铁冶炼和轧制、铁矿石的开采、煤矿开采和炼焦等3个主要环节构成。钢铁生产包含两处：一是公司最主要的钢铁生产地——汉阳铁厂；二是建成于1921～1923年的大冶铁厂炼铁设施。汉阳铁厂的建设可分为2个时期，即1890～1894年的第一期建设，以及1894～1908年的第二期改扩建。1908年之后的主要生产设施包括100 t高炉2座、250 t高炉2座，西门子马丁炼钢平炉7座，150 t混铁炉1座，以及可轧制轻轨、各种型钢和重轨的轧钢机共16台，这其中包括辊径为800 mm的二重可逆式轧机5台。[①]大冶铁厂的主要设施为2座日产450 t铁的高炉（图8-2），由日本

① 方一兵．中日近代钢铁技术史比较研究：1868—1933[M]．济南：山东教育出版社，2013：81.

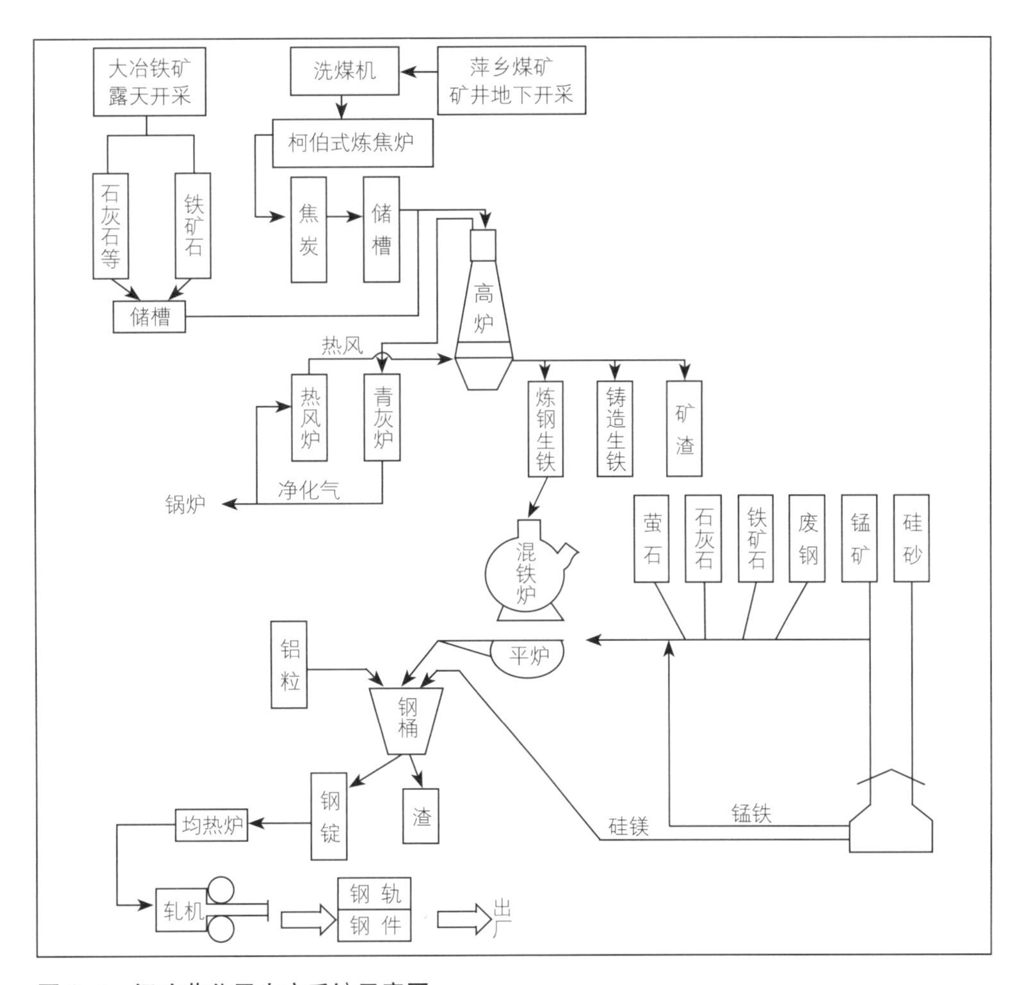

图 8-1 汉冶萍公司生产系统示意图

图 8-2 1920 年代大冶铁厂高炉远眺（吕柏 摄）

人大岛道太郎设计。第一次世界大战后，受日本贷款的约束，汉冶萍公司由生产钢材转向优先发展大规模炼铁，以满足日本人需求。这2座高炉是当时亚洲最大的炼铁设施，主要目的是为日本八幡制铁所的生产、扩张提供生铁。由于大岛道太郎缺乏大型高炉设计和建设的经验，2座高炉都未能达到预期的炼铁水平，分别于1924和1925年停止生产。

大冶铁矿是汉冶萍公司的铁矿石供应基地。1890年12月开始修建铁山运道、码头，并采办机器。1892年10月运道工程竣工，1893年开始产出矿石。铁矿以露天方式开采，初期机械化程度低，1918年之后开始用气压凿岩机代替手工凿岩。汉冶萍时期大冶铁矿不仅为公司自己供应全部矿石，而且还以铁矿石和生铁偿还日本借款。从开办到1938年，大冶铁矿产出的铁矿石有66%销往日本，为八幡制铁所提供了其所需的60%～70%的铁矿石。因此，大冶铁矿的开采规模远超过汉冶萍公司自身需求，

汉冶萍公司钢铁冶炼的焦炭主要来自江西省西部的萍乡煤矿（图8-3[①]）。1898年，萍乡煤矿总局成立，借助德国礼和洋行的借款，开工建设煤矿，修建萍株铁路。1907年萍乡的路、矿等设施相继建成投产，实现由采煤、洗煤、炼焦等环节构成的完整的焦炭生

① 顾琅．中国十大矿厂调查记[M]．上海：商务印书馆，1914.

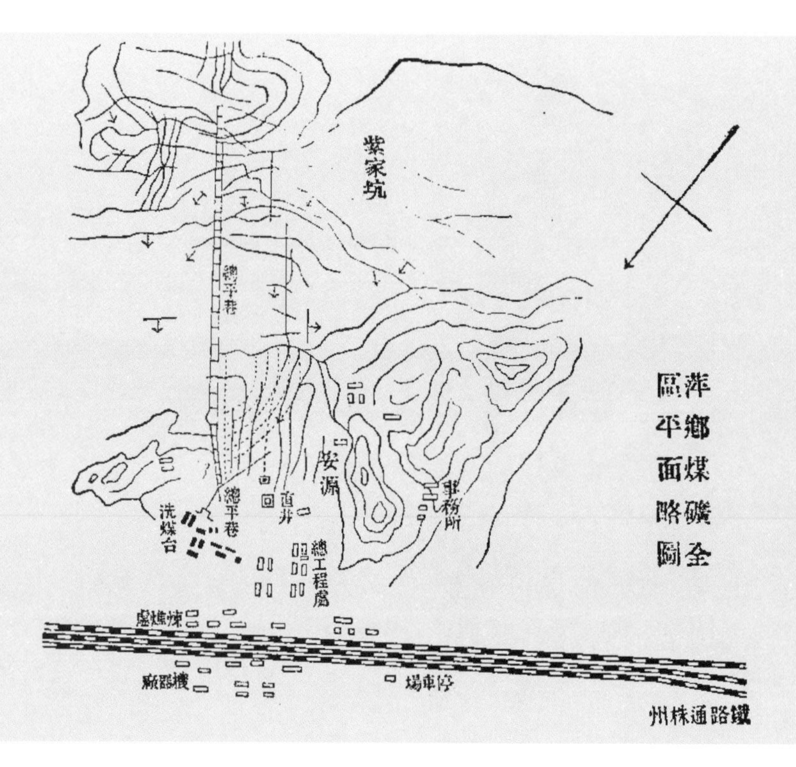

图8-3　萍乡煤矿全区平面略图

产体系，主要设施包括横井（平巷）、直井、开采和运输设备，洗煤设备，土法和西法炼焦炉等。整个煤矿的勘探、设计、设备采办和修建工程均由德国工程师负责。德国人赖伦（G. Leinung）于1896年被盛宣怀派往萍乡勘探煤矿，1898年之后担任总矿师，负责指导设计、工程建设和生产等所有环节，为汉冶萍公司工作到1923年，在采煤技术转移过程扮演了重要的角色。萍乡煤矿投产时，机械化和电力化程度较高。总平巷使用了28辆行驶速度每秒4 ~ 5 m的电力机车，铁煤车每辆可装煤0.5 t，煤车最多时有4 000辆。[①]

二、现　状

经历战乱和时代变迁，汉阳和大冶两处铁厂的主要生产设施散失十分严重，幸存下来的有多处工业遗存。其中，生产设施体现着遗产的技术史价值。

图8-4　抗战时期钢迁会生产中的800 mm轧机（重庆钢铁集团档案处提供）

汉阳铁厂高炉旧址只留存着停炉冷却后炉底残留的一块圆形凝铁。在汉阳之外，现重庆钢铁集团保留着汉阳铁厂第二期改扩建时订购的两台设备：一是由德国克莱因（Klein）兄弟机械制造有限公司制造的800 mm二辊可逆横列式轧钢机（图8-4、图8-5），制造年代约为1904 ~ 1905年；二

图8-5　800 mm轧机现状（现保存于重庆钢铁集团新区型线厂车间，重庆钢铁集团档案处提供）

① 刘明汉，编. 汉冶萍公司志[M]. 武汉：华中理工大学出版社，1990：67.

是由英国戴维兄弟公司（Davy Bros Ltd. Engineers）于1905年制造的8 000马力的蒸汽机（图8-6），用作轧钢机的动力设备。汉冶萍投产初期，因炼钢设备与含磷高的铁矿石不匹配而产生突出的质量问题，故于1904～1908年进行了一次大规模的技术改造和扩建工程，扩大了生产规模，改善了钢轨等产品的质量。时任铁厂坐办的李维格赴欧美，针对铁矿石和焦炭的特性采购新的炼钢平炉和轧钢设备。这两台机器即为此次改扩建工程引进的设备，是20世纪初汉阳铁厂发展和技术转移的重要见证。

大冶铁厂原址现为黄石新冶钢公司所在地，那里存留着2座高炉的部分钢筋混凝土炉基（图8-7）、瞭望塔、水塔、高炉栈桥等生产设施遗存以及日式建筑4栋、欧式建筑1栋。2座高炉高达27.44 m，其主体构件由美国列德干力公司（Riter Conley Company, Pittsburg. US）制造。[①]它们是1920年代亚洲首次建设450 t大型高炉的高风险工程实践，具有特殊的技术内涵。此外，日式建筑（图8-8）基本保持了初建时的面貌，是1910～1920年代日本参与汉冶萍公司生产的见证。

图8-6 8000马力蒸汽机现状（重庆钢铁集团档案处 提供）

---

① 方一兵．汉冶萍公司与中国近代钢铁技术移植．北京：科学出版社，2010：附录．

图 8-7
大冶铁厂高炉遗址
（方一兵 摄）

图 8-8
大冶铁厂旧址的日式建筑
（方一兵 摄）

大冶铁矿露天开采给矿区留下了两大重要景观。一是巨大的露天矿坑。大冶铁矿在1829年之前全部为露天开采，形成了独具特色的露天矿坑，尤以东露天采场最为壮观。东露天采场（图8-9）由象鼻山、狮子山和尖山3个矿体组成。狮子山和象鼻山在20世纪初开始开采，1955之后成为大冶铁矿的主要采场，如今形成了东西长2 200 m，南北宽550 m，最大落差444 m的矿坑。二是由矿区到石灰窑码头的运矿工程，1891年在德国籍工程师的指导下开始兴建，全长约35 km，包括采区轻便铁路和挂路、铁山至石灰窑的运矿铁路、下陆机车修理厂、江边装卸矿码头以及办公室等其他配套工程，沿线有铁桥27座，设铁山、盛洪卿、下陆和石堡4处车站，1893年建成并投入使用。现存景观见证了一座近代铁矿的百年开采史。

图 8-9　大冶铁矿东露天采场矿坑（方一兵 摄）

萍乡煤矿开办之初的主要开采格局延续到现在，当时开挖的矿井至今仍然在产煤。可以说，萍乡煤矿是汉冶萍公司各厂矿中遗存状况最好的（表8-1）。

表8-1　萍乡煤矿有关煤焦生产的主要工业遗产一览表

名称	年代	说　明
总平巷及其东西平巷等	1898年	萍乡煤矿的主要生产井口；大型矿井工程
八方井、六方井遗址	1898年	萍乡煤矿的一、二号直井工程
八方井办公楼	1898年	八方井的办公场所；现为矿区配电房
骡马巷道	1899年	八方井、六方井风巷出煤系统；因用骡马拉煤，故得此名
洗煤厂水井	不详	洗煤厂的水源，圆形砖砌
往复式水泵	1921年	煤矿机械厂制造，以蒸汽为动力的往复式水泵
盛公祠	1898年	“萍乡等处煤矿总局”办公楼
公务总汇大楼	1906年	“萍乡煤矿公务总汇”办公楼
张公祠	1907年	1908年为萍乡煤矿矿务学堂所用
老矿务学堂	1899年	1908年之前为矿务学堂所用
东西南北院	1899年	位于八方井东山的东、南、西、北四角上，欧式建筑，为当时德国工程技术人员的居住和办公场所
萍矿界碑	1898年	当时树立主碑“官矿界碑”一块，“萍乡矿界”一块；现存于安源路矿工人运动纪念馆和安源精神展览馆

上述煤矿遗产可分为两类：一是以总平巷为代表的采煤工程设施；二是以盛公祠等为代表的矿区管理、教育和住宅建筑。煤矿开办之初就开挖建设东平巷和西边可通八方井的西平巷。东平巷是萍乡最重要的横窿，井口位置以天门洞为起点，后因运输需要，由天门洞向外延长145 m，成巷断面为16 m^2，铺轨四股。东西平巷出煤和向八方井运料都通过此巷，因此延长部分称为总平巷（图8-10、图8-11）。[①]迄今，总平巷仍然是主要矿井，所开采的煤还是通过这里的轨道运至洗煤厂。相比之下，两个直井早已废弃，其井口已是平地，而留存下来的相关设施有1904年建成的八方井办公楼，即砖木二层欧式

① 江西省政协文史资料研究委员会．萍乡煤炭发展史略[M]// 江西文史资料选辑：第23辑，1987：138.

图 8-10　总平巷外观（方一兵 摄）

图 8-11　总平巷窿内现状（方一兵 摄）

回廊建筑，现为安源区文物保护单位。总平巷和生产设施见证了120年来中国规模化采煤的历程。

除了矿井等生产设施外，萍乡煤矿还保存着8栋修建于1898～1907年之间的工矿办公建筑和欧式住宅。总局办公大楼（图8-12、图8-13）、张公祠、矿务总汇和八方井等办公楼及东西南北院（外籍工程师住宅）都采取拱券外廊设计，这是欧洲人为适应中国南方炎热气候而选取的结构，即在西式建筑基础上加外廊。总局办公大楼位于始建于1898年，1916年盛宣怀去世后，汉冶萍公司将该楼称为盛公祠。这座建筑有明显的中西合璧特征，其整体布局、立面和内部构造有欧洲建筑甚至宗教建筑的影子，建筑交叉顶

图8-12　总局办公大楼（1908）

图8-13　总局办公大楼的现状

上的元素和内部梁柱结构等又有中式建筑的特点。这些建筑反映了西式建筑技术的传入和本土化。

三、技术史价值

汉冶萍公司的兴建在中国近代技术史和工业史上具有开创意义。它代表着19世纪末至20世纪初世界主流钢铁企业的冶炼技术及相关的煤铁开采技术，及其向中国的转移。经历了百余年的工业生产和景观的变迁，散落在武汉、黄石、萍乡和重庆等地的汉冶萍公司遗存成为中国钢铁和煤炭技术近代化和早期工业化的重要见证，有着特殊的技术史和工业史价值。

汉冶萍公司幸存下来的机器设备、生产设施和景观，如现存于重庆的汉阳铁厂的轧钢机和蒸汽机，大冶铁矿石开采矿坑，萍乡煤矿总平巷、煤矿总局办公大楼、外籍工程师住宅等工矿建筑，都须妥善加以保护，并加强不同地区、不同行政机构之间的协作，方能保存和挖掘其技术史和工业史价值。此外，还应当汇集汉阳造钢轨等产品、遗物及相关文献资料，适时建设博物馆或陈列馆。

（方一兵）

常宁水口山铅锌矿厂

一、概　况

湖南省常宁市水口山铅锌矿是中国最早采用西法采矿、选矿、冶炼的铅锌矿，素有“世界铅都”“中国铅锌工业摇篮”之称。

1896年，湖南巡抚陈宝箴成立水口山铅锌矿局，派廖树蘅主持开发水口山矿业。建矿初期，用土法开采明窿，后因坑道渐深，运输困难，水量增大，于1905年改用西法开采，在明窿之南端老鸦巢开拓第一坑斜井，由矿局设计师夏估卿设计，自行施工，于井内地面装设锅炉、蒸汽机、抽水机、吊车等，铺设双轨铁道。老鸦巢第一坑斜井成为中国第一个自行设计和建设，以蒸汽作动力、使用卷扬机等机械设备提升矿石的有色金属矿井。1909年，建成的机械重力选矿厂（俗称“洗砂台”），成为中国第一个新式有色金属选矿厂，处理手工选矿所不能处理的铅锌混杂砂。1912年，铺设水口山至松柏窄轨铁路。1914年，于第一坑斜井附近开拓第二坑竖井，作为主风井，后又陆续开拓三坑斜井和四坑盲井。1917年，于矿区东北部粮子台重建选矿厂，选矿厂依山势而建，共有六级阶梯厂房，设计规模为2 000吨/日，安装有颚式破碎机、对辊破碎机、圆筒回转筛、淘选箱、威尔夫勒洗床等54台主要生产设备，还采用手动吊车起重、卷扬机运输原砂和废石。该选矿厂是当时远东地区设备最完善、规模最大、产量最大的铅锌选矿厂。至此，水口山铅锌矿实现了采矿、选矿、运矿的机械化和规模化，产量成倍增加。

20世纪初水口山铅锌矿建立铅锌冶炼厂，自主生产金属锌和铅。炼锌厂最有名的是松柏炼厂，于1905年创办，招募桂阳炉匠，采用土法炼锌，先用圆形焙烧炉将硫化锌矿氧化成氧化锌矿，后将矿石和煤装入蒸馏罐中，置入槽形炉，用煤炭为燃料进行冶炼

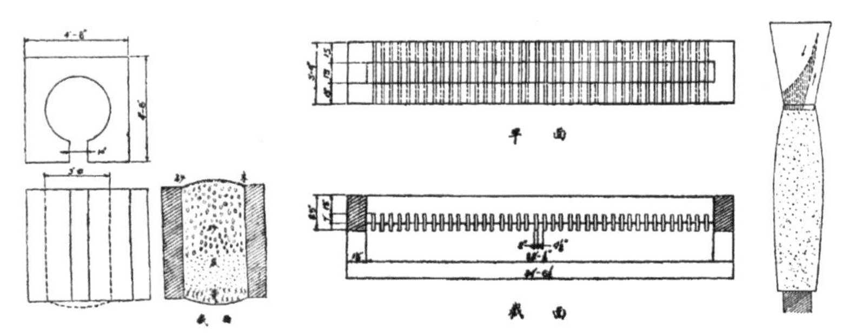

图 9-1　1930 年《矿业周报》载松柏白铅炼厂烘砂炉、炼砂炉和炼罐示意图

图 9-2　20 世纪 80 年代第四冶炼厂的横罐炼锌炉

（图9-1[①]）。后因锌价下降，松柏炼厂亏损停办。土法炼锌存在耗煤多、成本高、焙烧工艺不良、只能焙烧整砂、所炼的锌含铁量过高等问题。1932年饶湜奉命筹备西法炼厂，1934年在长沙三汊矶建成湖南炼锌厂，即今第一冶炼厂，这是中国第一家西法炼锌厂。该厂最初采用横罐蒸馏炼锌法（图9-2[②]），分压砂、洗选、焙烧、蒸馏4个步骤，使用无烟煤作还原剂，蒸馏时炉料为散料，作业是间隙的，炉温呈周期性变化。1974年，改用竖罐蒸馏炼锌法，分沸腾焙烧、废气制酸和竖罐蒸馏3个工序，使用焦结烟煤作还原剂，蒸馏时炉料为团块，作业是连续的，炉温维持恒定不变。1952年，松柏炼锌厂建成投产，即今第四冶炼厂，采用横罐蒸馏法炼锌，1972年部分改为竖罐蒸馏法。

1908年，湖南黑铅提炼厂创设于长沙城南门外，这是中国第一家西法炼铅厂。总工程师江顺德赴美亚利十沾马公司购买机件，设备于1909年陆续运到。1910年4月开炉烘

① 见《恢复松柏土法白铅炼厂计划书》，原载《矿业周报》1930年第124期，第8-17页。

② 水口山矿务局铅锌志编纂委员会.水口山铅锌志（1896—1980），1986年.（内部资料）

图 9-3 湖南省有黑铅炼厂鼓风炉图

砂，9月停工。1916年，聘德国人韦加克、饶湜为工程师修理旧厂，于1917年8月开始复工。该厂炼铅分焙烧、熔炼、净铅、提银4个步骤，采用鼓风炉炼铅（图9-3①），以“派克斯法”用锌从铅中提银。1939年，工厂迁往常宁松柏，次年投产，即今第三冶炼厂。1944年停产，1952年恢复生产，产出新中国第一锅铅。

中华人民共和国成立后，水口山为当时全国九家首批修建的有色金属厂矿之一，通过多次改建和扩建，大大提高了机械化水平。20世纪80年代自主研发“步井向上碰电填充采矿法”，解决了采矿后山体土坡不下沉的技术难题；同时研发“SKS炼铅法”，即氧气底吹熔炼-鼓风炉还原的工艺，解决了冶炼中废气排放问题。2004年组建湖南水口山有色金属集团有限公司，目前拥有水口山铅锌矿、柏坊铜矿和康家湾铅锌金矿等3座矿山及第二、三、四、六、八冶炼厂等，成为生产铅、锌、铜、金、银，铍等稀有金属为主的中型有色金属采选冶联合企业。

二、现　状

随着采冶技术的更新换代和矿藏资源的衰竭，水口山铅锌矿一些厂房、生产线、矿井及配套设施逐步被废弃，现存工业遗产主要有采矿遗址、冶炼遗址及相关早期工业建筑等。

其中采矿遗址主要有龙王山露采场、斜坡式矿井、二号和五号竖矿等。

龙王山露采场（图9-4）位于松柏镇龙王山，始采于汉代，开采硫黄矿、银矿。清政府派俞光容主持开采工作，当时主要开采铅、铜、锌、金、银、钛、锡、硫、铁、钼等

① 湖南省有黑铅炼厂，编印．湖南省有黑铅炼厂厂务汇刊．湖南官纸印刷局，1929.

矿石。1980年10月，开始机械化大面积开采。露采场山体上下落差600 m，并形成不规则台阶，每级高达8 m，宽4～6 m，最底部长280 m，宽35 m，层级而上，最顶部长400 m，宽200 m，露采场总面积达80 000 m^2。目前仍在开采，整体保存非常完整。

斜坡式矿井（忆苦窿）位于水口山铅锌矿矿部东南，始建于1896年，是中国第一口用西法开采铅锌矿的斜井。该井井口迎南而开，呈斜坡式，进入矿井向左折回，再向右为宽敞的矿井歇台，宽12 m，长60 m，高8 m。井内有有作业采场、放矿斗、充填采场、矿柱、充填天井、通风天井、斜场道等作业场所，发现大量的传统采矿工具，如竹背篓、灯具、铁锤、钢钎、竹缩节、木制溜槽、木方框支架等。1968年，忆苦窿曾开辟为忆苦思甜爱国主义教育基地供人们参观，遗存有雕塑、演出舞台等文物。由于洞内产生废气，洞口塌陷。

二号竖矿井和五号竖矿井位于水口山铅锌矿矿部西北（图9–5）。二号竖矿井始建于1914年，是铅锌矿地下至地面矿石提拉的主矿井，是中国第一口用西法开采铅锌矿的竖井。该井初开是斜坡式矿井，后经技术改造，变成提拉式竖井，1949年复矿后，多次对其进行技术改造，现仍为铅锌矿出矿主井。五号竖矿井建于1957年，是人员地面地下提拉的通道，是新中国第一口开采铅锌矿的竖井。该井设双层双罐，分主罐和副罐，主罐用于生产，副罐用来载人，至今仍在使用。

图9–4　龙王山矿冶露采场（李云霞 摄）

其中冶炼遗址主要是老鸦巢冶炼遗址和水口山第三冶炼厂。

老鸦巢冶炼遗址，位于老鸦巢东部山体半山腰上（图9-6），由于千百年来矿体的开采和不断发展，多被掩填。其面积较大，分布较广，从龙王山、老鸦巢、鸦公塘一直到半边街等几十万平方米范围，均有冶炼炉渣、炭末等遗迹。

水口山第三冶炼厂，原名“湖南黑铅提炼厂”，中国第一家西法炼铅厂。2006年该厂停产（图9-7、图9-8、图9-9）。厂内保存着20世纪50年代以来的完整的生产流水线和车间，包括完整的烧结锅车间、鼓风炉车间、烟化车间、电解车间及早期烟囱等，展现着现代炼铅工艺的整个流程。

水口山铅锌矿还保存了部分早期的厂矿建筑，主要有水口山铅锌矿局办事公署旧址（图9-10）、红色会堂旧址、办公大楼旧址、早期住宅群（圆山村、民主村）、专家楼旧址、职工医院旧址、影剧院旧址、职工理发店旧址、刘亚球旧居，康汉柳饭店旧址、水口山工人骨干会议旧址、水口山工人秘密聚会旧址、水口山工人俱乐部成立会旧址（康家戏台，图9-11）等革命遗迹，较完整地反映了民国时期至中华人民共和国建国初期水口山铅锌矿厂的办公、职工运动及生活等的面貌。由于年久失修，这些建筑均出现屋面漏雨、本体残损等现象，亟待修缮、保护。

图9-5　二号竖矿井（右）及五号竖矿井（左）（李云霞 摄）

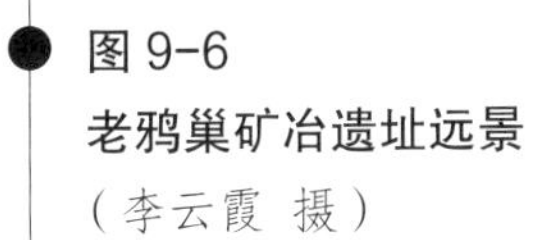

图 9-6
老鸦巢矿冶遗址远景
（李云霞 摄）

图 9-7
第三冶炼厂（张宁 摄）

图 9-8
第三冶炼厂烧结锅车间
（李云霞 摄）

图 9-9　第三冶炼厂最原始的鼓风炉车间（李云霞 摄）

图 9-10　水口山铅锌矿局办事公署（李云霞 摄）

三、技术史价值

常宁水口山铅锌矿自清末收归官办至今已120余年，是中国近现代最重要的铅锌矿之一。它最初采用了土法采矿、选矿和炼锌技术，其采矿和冶炼遗址中保留了较多的中国传统炼锌技术的实物资料。它也是中国第一家采用西法采矿、选矿和冶炼的铅锌矿厂，拥有中国第一个自建机械提升矿石的有色金属矿井、第一个机械选矿厂、第一家西法炼铅厂和第一家西法炼锌厂等。水口山保留了较为完整的采矿遗址、冶炼遗址和早期工业建筑，尤其是第三冶炼厂保存了完整的当代炼铅生产车间，是中国铅锌矿采矿、选矿和冶炼从传统手工业到近代工业演变和技术发展的见证。

水口山铅锌矿冶遗址于2013年被列为第七批全国重点文物保护单位，目前正在申报湖南省文化地标。虽然其采矿与冶炼遗址得到了部分保护，但相关工业遗产的技术史价值还需要进一步发掘。

（周文丽　方一兵）

图 9-11　水口山工人俱乐部成立会旧址（李云霞 摄）

启新水泥公司

一、概 述

清末洋务运动兴起后，国内开办了大量工矿企业，修筑了众多军事工程，对水泥的需求与日俱增，但进口水泥价格昂贵，致使供需矛盾突出。晚清政府于今天的河北省唐山市市区境内，建立了中国第一家水泥厂——启新水泥公司。

图 10-1 唐山细绵土厂窑房（1889）
（图片来源：中国水泥工业博物馆）

光绪十五年（1889），时任直隶总督李鸿章遂委命开平矿务局总办唐廷枢（1832—1892）开办水泥厂（图10-1）。1891年，唐山细绵土厂（细绵土，水泥英文cement早期的译音）建成，此即启新水泥厂的前身。该厂位于唐山大城山南麓，占地60亩，采用立窑生产水泥，日产量不足30吨，使用“狮子”牌商标。由于该厂生产设备落后，且土料系广东香山运进，成本高、质量次，亏损巨大，1893年奏准停产。

图10-2　启新洋灰有限公司碑
（现存于中国水泥工业博物馆，黄兴 摄）

1900年，由开平矿务局会办，由周学熙（1866—1947）委任矿师李希明为经理，聘请德国人汉斯·昆德（Hans Kundare）为技师，重办细棉土厂。1906年，废止旧窑，在原细绵土厂以东500 m建造新厂，采用购自丹麦史密斯（Smith）公司的旋转窑及系列配套设备，定名“启新洋灰股份有限公司”，使用“龙马负太极图”商标（图10-2、图10-3）。1911年全部建成后，日产水泥700桶。此后启新公司通过进口和自制设备的方式于1922年、1932年又进行了两次大的技术升级，1932年日产水泥5 500桶，成为当时中国最大的水泥厂。

图10-3　“龙马负太极图”商标
（图片来源：中国水泥工业博物馆）

启新水泥厂也在不断拓展产品类型，以提高综合效益。1909年投资建立机器造砖厂，生产铺地砖、黏土砖、耐火砖和琉璃瓦。1910年建立机修房，1919年与丹麦史密斯公司合办，两年后收回自办。1924年，将西分厂交由昆德经营，建立启新磁厂，生产瓷器，后独立为唐山陶瓷厂。

1911年，启新水泥厂的产品获意大利都朗（今译都灵）博览会优等奖（图10-4）。1915年获巴拿马国赛会头奖、农商部国货展览会特等奖。1912年，启新向美国洛杉矶出口水泥1万余桶，这是中国第一次出口水泥。第一次世界大战爆发初期，启新的水泥销量略受影响，但后期增加很快。1919年以前，启新几乎是中国独家水泥厂（湖北水泥厂开办于1907年，4年后启新即取得该厂管理权），此后的15年间，国内新增华商水泥公司、中国水泥公司、广东西村士敏土厂等，与启新展开了激烈的市场竞争。

1933年5月起，唐山沦为保留中国行政权的日本控制地区。“七七事变”后，日商洋行强行包销启新公司的全部产品。1940年启新公司新增生产线1条，但经营每况愈下，1945年后一度被迫停工。1948年，唐山解放。次年启新逐步恢复生产。1952年，启新水泥正式纳入国民经济计划，由国家统一调拨；1954年实行公私合营；“大跃进”和“文化大革命”期间多次更换名称和商标。1976年7月28日，唐山发生大地震，4.9万m^2生产建筑被震毁，报废主要设备19台，受损设备71台。启新水泥厂积极自救，不到一月即恢复生产，支援唐山重建。1995年，引入港资组建唐山启新水泥有限公司，成为中外合资企业。

图 10-4　启新水泥获意大利都朗博览会优等奖

（图片来源：中国水泥工业博物馆）

图 10-5　中国水泥工业博物馆外景（黄兴 摄）

二、现　状

启新水泥厂被列入唐山市首批“进二退三”企业，于2008年停产。2011年，原址改建为中国水泥工业博物馆（图10-5）。该馆占地面积115.06亩，建筑面积6.9万m^2，是全国首个以水泥工业为主要内容的博物馆。

中国水泥工业博物馆如今保留了启新水泥公司的很多关键设备和主要厂房[①]。

水泥窑是水泥厂的核心设备。如今留存下来的水泥窑一共有5座，其编号为4～8号，系1941年前从丹麦购置（表10-1），今放置于展陈中心内（图10-6～11）。

① 朱文一，赵建彤．启新记忆——唐山启新水泥厂工业遗存保护更新设计研究 [J]. 建筑学报，2010（12）：33-38.

表 10-1 启新水泥公司早期国外购置的旋转水泥窑*

设备名称	规格（内 / 外径 × 长度）	公称产能	实际产能	制造时间	购置时间	制造厂商
4 号水泥窑	Φ2.1/Φ2.436 × 45 m	4.958 T/h	5.63 T/h	1910 年	1911 年	丹麦史密斯公司
5 号水泥窑	Φ2.1/Φ2.436 × 45 m	4.958 T/h	5.69 T/h	1910 年	1911 年	丹麦史密斯公司
6 号水泥窑	Φ2.7/Φ3.064 × 60 m	9.208 T/h	12.08 T/h	1921 年	1922 年	丹麦史密斯公司
7 号水泥窑	Φ3.0/Φ3.366 × 60 m	9.563 T/h	14.26 T/h	1921 年	1922 年	丹麦史密斯公司
8 号水泥窑	Φ2.9 × 78 m		10.41 T/h	1940 年	1941 年	丹麦史密斯公司

* 资料来源：中国水泥工业博物馆

4、5号窑系1911年购自丹麦史密斯公司。同时还购置了配套的虎口碾石机2台，原料圆、长磨各1台，洋灰圆、长磨各1台，煤末圆、长磨各1台，烤料罐1具，烤煤罐1台等设备，采用干法生产。当年建成后，日产水泥700桶，开创了我国利用旋转窑生产水泥的历史。其产品经英国亨利菲加公司和小吕宋科学研究会试验，其细度，强度，凝结，涨率和化学成分均超过英、美两国的标准。1919年，启新在国内销售的水泥占全国总量的92.02%，成为当时我国最大的水泥厂。

6、7号回转窑系1922年购自丹麦史密斯公司，实际产能达到了5、6号窑的两倍。同时还购入新式大碾2台，原料圆、长磨各4台，丹式洋灰磨2台，煤磨2台，烤煤罐各3台，烤料立窑4台及其他附属设备，全厂日产水泥5 500桶。

8号回转窑系1941年从美商手中购置，同时还购入生料磨和水泥磨各1台，次年建成。系当时国内最先进的旋转窑，也是启新当时最大的一台窑。

启新水泥公司的旧建筑还留存有各个时期形成的多处厂房和设施，包括老发电厂（图10-12）、1号与2号窑厂房（1930年代改建为浴室）、木构站台（图10-13、图10-14）、水泥仓（图10-15）、余温炉房、石渣库、原料磨房、煤磨房、熟料库等都位于今中国水泥工业博物馆内，具有重要历史和文化价值。

其中发电厂位于展陈中心北侧。光绪三十二年至宣统三年（1906—1911）期间，在这里装有1 000马力的二级卧式蒸汽机。该设备采用人工加煤，无预热水管设备，效率很低。宣统二年至三年（1910—1911）添加了回转窑后，发电厂也添置了德国西门子制造

图 10-6
4 号回转窑（黄兴 摄）

图 10-7
5 号回转窑（黄兴 摄）

图 10-8
6 号回转窑（黄兴 摄）

图 10-9
7 号回转窑（黄兴 摄）

图 10-10
8 号回转窑（黄兴 摄）

图 10-11
回转窑车间外景（黄兴 摄）

的1 260 kW发电机。1922年，添置美电公司制造的透平发电机1具及锅炉5具。由于财力限制，现有发电能力有所不足，需要由开滦煤矿提供。1926年添置德国制造6 000 kW透平发电机1具，利用大窑后剩余热产生蒸汽。1933年又购进德国产10 000 kW透平发电机1具。最终形成了具有25 Hz和50 Hz发电能力的综合性发电厂，并与开滦煤矿25 Hz电网并网发电。

图 10-12　老发电厂旧址（建于1930年代，黄兴 摄）

图 10-13 铁路站木结构站台（建于 20 世纪 20 年代，黄兴 摄）

图 10-14 汽马车站木结构站台（建于 20 世纪 20 年代，黄兴 摄）

三、技术史价值

启新水泥厂是中国首家水泥公司，经历了从晚清时期至21世纪初期这段时间，产销量也长期居于国内水泥行业首位，有力地支持了中国近现代工矿、交通、建筑等行业的发展，在中国近现代水泥工业发展史上具有独特地位。

该厂从西方购置设备、引进人才来创建工厂，逐渐壮大，是中国近现代工业和技术建立与发展的一个缩影，具有很强的代表性。该厂现存的20世纪10～40年代的回转窑和其他附属设施，为研究中国近代水泥工业及其技术的形成与发展提供了宝贵资料。

当前，在其旧址上已经建成中国唯一一家以水泥工业为主题的博物馆，重要的厂房和核心生产设备得到了保存和保护，这已走在了全国工业遗产保护工作的前列。如何深度发掘其技术史价值内涵，为公众提供更丰富、优质的产品和服务，通过更多种方式来实现其社会价值，是值得进一步探索的问题。

（黄　兴）

图 10-15　水泥仓（黄兴 摄）

生馬頭

南通大生纱厂

一、概　况

甲午战争之后，日本和其他列强加快在中国开办工厂的步伐。鉴于此，越来越多的中国人呼吁设厂自救。清政府迫于形势，出台政策鼓励国民发展工业。两江总督张之洞委派翰林院修撰张謇主持通州地区商务。通州盛产棉花，有大量手工织户，为动力纺纱提供良好条件。于是，张謇于1899年在通州建成一座纱厂（图11–1），以《周易·系辞》中的“天地之大德曰生”为之取名“大生”，并担任纱厂总理。

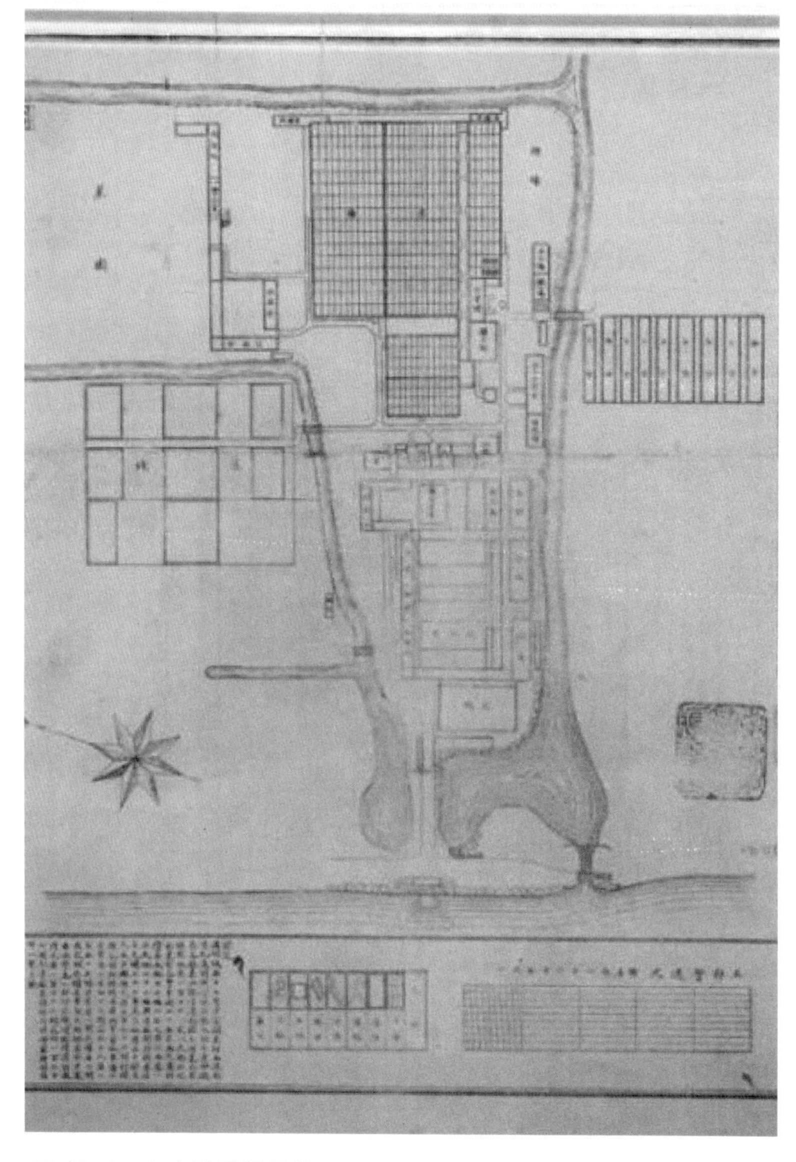

图 11–1　大生纱厂最早的平面图
（图片来源：南通纺织博物馆）

创业初期，大生纱厂

领用闲置官机——张之洞筹建湖北纺纱局时购入的英国赫直灵登公司（图11-2）生产的2.04万枚纱锭（作价25万两官股），另筹集17万余两商股，聘请英国工程师汤姆斯和机匠特纳负责设备的安装和维修等，建成轧花、清花、纺纱、摇纱、成包5个工场，以及引擎、修机、炉柜、电灯等车间。纱厂使用通州本地棉花，生产10支、12支、14支等粗支纱，“纱色光洁调匀，冠于苏、沪、锡、浙、鄂十五厂”[①]。产品商标“魁星”象征状元所办企业。

20世纪，大生适时进行扩张，引进英美等国的机器设备，增建二厂、三厂等，将业务范围扩展到精纺、织布和造机器，推广改良棉种，并在1912年创办国内首家棉纺织技术学校——大生纱厂纺织传习所（即后来的南通学院纺织科）。张謇于1904年在崇明外沙筹建大生二厂，引进2.6万枚英国制造的纱锭。建于1906年的资生机器制造厂曾经仿造英国、日本等国的织布机、开棉机、经纱机、络纱机、浆缸锡林等设备。随着细纱原料及设备的增加，大生纱厂增纺16支、20支、32支等中、细支纱，产品销售到当地及广东、江西、四川、天津等地。

1952年大生实行公私合营，通过技术改造，实现高产。大生在改革开放时期加快引进国外先进技术和机器设备，在1995年10月改为江苏大生集团有限公司。

图 11-2　梳棉机组图（苏轩 摄）

① 张謇.（啬公）具《承办（通州）纱厂节略》（即“第一届说略”）致刘督部云.大生纺织公司年鉴（1895—1947）[M].南京：江苏人民出版社，1998：30-33.

二、现 状

大生纱厂的工业遗产主要有纺织机器设备、厂房及其他建筑。

南通纺织博物馆收藏着19世纪末至20世纪30年代的纺织机械设备，其中包括：1台1895年制造的梳棉机（图11–2）；3台并条机（图11–3），2台造于1895年，1台造于1921年；1895年制造的头道、二道、三道粗纱机各1台（图11–4）；1895年制造的摇纱机1台（图11–5）。这些机器均来自英国曼彻斯特赫直灵登公司（HETHERINGTON & SONS LTD. MANCHESTER）。还有2台1921年由英国阿卡灵顿霍华德公司（HOWARD & BULLOUGH LTD. ACCRINGTON. ENGLAND）制造的环锭细纱机（图11–6）。织布机包括：4台1914年资生机器制造厂仿造的英国亨利织机（图11–7）是大生纱厂早期仿制进口设备的重要遗存；1台1932年日本丰田自动织机制作所（TOYOTA AUTOMATIC LOOM MANUFACTURE FACTORY）制造的丰田自动换梭织机（图11–8）；3台中国纺织机器制造公司仿造的标准式织机（图11–9）。

大生纱厂的建筑遗存主要有清花间厂房、公事厅、专家楼和钟楼，它们均位于大生

图 11–3 并条机组图（苏轩 摄）

1-4 粗纱机（头道、二道、三道）组图（苏轩 摄）

图 11-5 摇纱机组图（苏轩 摄）

-6 环锭细纱机组图（苏轩 摄）

图 11-7 资生机械制造厂仿制的亨利织机组图（苏轩 摄）

图 11-8　丰田自动换梭织机组图（苏轩 摄）

图 11-9　中国纺织机器制造局仿造的标准式织机组图（苏轩 摄）

图 11-10　南通纺织博物馆的仿清花间厂房组图（苏轩 摄）

集团公司内。

清花间厂房建于1898年12月，为砖木结构锯齿型厂房，坐西朝东，占地面积500 m^2，由英国人汤姆氏设计，上海曹协顺营造厂承建，是南通现存最早的近代工业厂房。除外墙经过整修外，厂房基本保持原貌。南通纺织博物馆按照一厂图纸仿造了一间清花间厂房（图11–10）。

公事厅（图11–11）是纱厂管理机构的办公楼，张謇等人曾在楼上办公和住宿。建于1900年，二层砖木结构，坐北朝南，宽23.8 m，进深14 m。它现在用作“大生纱厂厂史陈列室”，楼下大厅挂有张謇恩师翁同龢写的对联“枢机之发动乎天地；衣被所及遍我东南”。厅内陈设着手执笔斗、脚踏金鳌的大生纱厂纱标“魁星”雕像。庭院中央有一座张謇铜像。公事厅的隔壁是专家楼（图11–12），这是安装机器设备的英国专家的住所，建于1897年，二层砖木结构，建筑面积378 m²。

钟楼（图11–13）屹立在大生集团公司门口，建于1915年，高22.8 m，分为5层。钟楼原为纱厂门楼，第五层内置英商赠送的机械钟，用于上下班报时，现仍能报时。

图11–11 公事厅组图（苏轩 摄）

图 11-12　专家楼组图（苏轩 摄）

三、技术史价值

大生纱厂作为晚清民族资本机器纺织企业的典型代表，在中国近代技术史和工业史上均占有一席之地。厂房等建筑遗存和南通纺织博物馆内的纺织机器设备代表着20世纪前叶的纺织工业与动力纺织生产技术的发展水平，也是国外纺织技术向中国转移及其本土化的一个缩影。博物馆收存了南通纺织专门学校的学生证、毕业证书和期刊等珍贵资料，它们是中国近代纺织技术教育发展的见证。

厂房和其他建筑遗存于2006年被列为第六批全国重点文物保护单位。如果南通纺织博物馆能联合大生集团有限公司，将部分机器设备按照实际生产工艺进行布展，甚至恢复运转，则能更好地展示当时的纺织技术和工艺流程，具有更好的技术景观效果。

（苏　轩）

图 11-13　钟楼（苏轩 摄）

杨树浦水厂

一、概　述

上海市杨树浦水厂始建于1881年8月，于1883年8月1日正式建成向外供水。它隶属于上海市自来水市北有限公司，是全国供水行业建厂最早、生产能力最大的地表水源自来水厂之一（图12-1）。

19世纪下半叶，上海市用水主要依靠河道，由挑水夫在黄浦江、苏州河边取水后沿途吆喝挑往居民家中。因水中含泥沙，居民需要用明矾搅拌沉淀后才能使用。随着外国银行、洋行、企业纷纷进入上海，人口增加，生活用水供应愈发困难。

外商率先建设自来水设施，经营水厂。1860年，美商旗昌洋行在外滩开凿了上海第一口深水井，井深78 m，供洋行内部使用[①]。1872年，上海第一家营业性的小型自来水行——“沙漏水行”成立。行址在松江路6号（现延安东路北侧），中间为洋泾浜河。1875年3月，洋商格罗姆（F.A.Groom）、立顿而（A.I.Litlle）、华脱司

图 12-1　杨树浦水厂
（图片来源：《历史述说故事——上海自来水行业历史篇》）

① 朱新轩，王顺义，陈敬全. 见证历史，见证奇迹：上海科学技术发展史上的百项第一[M]. 上海：上海科学技术出版社，2015：43.

（W.I.Waters）和邱渝记4人创办了中国第一个自来水厂，征股金共白银3万两[①]，厂址在杨树浦（即现在杨树浦水厂南区的一部分）。水厂水池在虹口之东三四里外，经营至1880年后全部被正在筹建中的英商上海自来水公司收购。1880年11月2日，上海自来水股份有限公司正式成立（图12-2），并开始确定水厂筹建方案，公司在伦敦设办事处与董事会[②]。水厂建在杨树浦原来水厂的厂址，由英国人哈特监督设计和建造，规模为每天供水6 819 m³，可以通过水管向英租界、虹口租界、法租界、静安寺路和城乡供水。

图 12-2　上海自来水股份有限公司大楼
（图片来源：《历史述说故事——上海自来水行业历史篇》）

杨树浦水厂在1881年开始动工，至1883年6月建成包括水厂、水塔和直通英租界的长9.7 km、508 mm口径输水管，再加静安寺路长1.6 km、203 mm口径的输水管，主要设备部件及铸铁水管全部从英国运来，共计耗资12万英镑。为保证供水连续性，在英租界的中心地点江西路、香港路口建造一座巨型水塔，容量为682 m³（图12-3）。1883年8月1日，北洋通商大臣李鸿章参观杨树浦水厂，并亲自开启引水闸门。当日，杨树浦水厂

图 12-3　江西路香港路口的水塔
（图片来源：《历史书说故事——上海自来水行业历史篇》）

① 周建芬. 保供水[M]. 杭州：浙江工商大学出版社，2014：42.
② 《上海租界志》编纂委员会，编. 上海租界志[M]. 上海：上海社会科学院出版社，2001：379-388.

正式向公共租界供水，有15万人喝上第一口自来水。

为了适应城市建设，杨树浦水厂从1887年开始扩建并不断扩充制水设备，增建沙滤池、清水池、进水口，还在新闸路建造了一座新的调节水塔。1887年的日供水量已达到7 740 m^3，超过了水厂的原设计能力。自20世纪开始，由于供水需求不断扩大，杨树浦水厂面临供水方面的巨大压力。水厂逐步收购周边土地，增加和扩建制水设备和厂房，改进净水工艺，完善技术管理，扩大供水区域。日供水量在1904年超过2万m^3，1921年超过10万m^3，1931年超过20万m^3，成为远东地区最大的现代化水厂[①]。

1941年12月日军侵占杨树浦水厂，成立"华中水电股份有限公司"。抗战胜利后，上海自来水股份有限公司重新营业，杨树浦水厂恢复成英商产业。此时每日制水能力约为46.3万m^3。英商上海自来水公司在1952年11月被上海市人民政府征用，同年12月更名为上海市自来水公司，杨树浦水厂成为其下属自来水厂。

二、现　状

杨树浦水厂现存遗产主要包括工厂建筑、生产设施和档案文献三方面。

工厂建筑是水厂保存最完好的遗产。建筑均为二三层高的楼房，砖混结构，建筑风格统一，青砖清水墙上有红砖镶嵌作为饰带，墙身的窗框、腰线和压顶均用水泥进行粉刷且突出于砖墙，墙角则用水泥粉砌呈隅石状，呈现出英国古典城堡建筑风格。水厂的大门在1928年修建过，现在仍保留着当时的模样（图12-4）。

图 12-4　1928 年建成的英国哥特式建筑风格的警卫室和大门
（图片来源：《杨树浦水厂纪念册》）

① 朱新轩，王顺义，陈敬全．见证历史，见证奇迹：上海科学技术发展史上的百项第一[M]．上海：上海科学技术出版社，2015：44-45.

图 12-5 大礼堂（1928 年为蒸汽锅炉房）（邢好 摄）

生产设施方面，早期杨树浦水厂主要有沉淀池2座、慢滤池4座、清水池1座、蒸汽锅炉3台（图12-5）及出水唧机。杨树浦水厂在原址运营，现存生产设施是1978年以来进行技术改造的结果（图12-6～9）。除1号和7号沉淀池外，20世纪70年代将其他几个具有百年历史的沉淀池通过挖潜方式成功地做了改造。2004年，水厂有10座反应沉淀池，甲、乙、丙3组高程滤池及127号、128号、129号、东区等低程滤池，7座清水池，5座出水泵房，另有加矾、加氯、加氨及高低压配电等设施。2015年底，水厂又添置了一些

图 12-6 厂区蓄水池（邢好 摄）

图 12-7 沉淀池出水口
（图片来源：百年老厂——杨树浦水厂）

图 12-8 原水管道
（图片来源：百年老厂——杨树浦水厂）

图 12-9 过滤池
（图片来源：百年老厂——杨树浦水厂）

图 12-10 上海自来水科技馆（邢妤 摄）

设施和设备。

2003年底，杨树浦水厂改造原建筑，建成上海自来水科技馆（图12-10），以实物、图片（图12-11）、档案史料、沙盘模型、模拟场景和现场影片等展示120多年的水厂发展史，发挥它的传播技术与工业文化的功能。2012年12月，杨树浦水厂及相关机构的历史档案移交至上海市档案馆。这家水厂的档案数量众多、内容丰富，反映出其作为中国第一家地表水供水企业的历史沿革、生产技术和管理经营等情况，具有重要的价值（图12-12）[①]。

图 12-11　上海自来水科技馆内“历史源头”图片（邢妤 摄）

图 12-12　杨树浦水厂档案图片

① 魏松岩．杨树浦水厂档案接收记[J]. 中国档案，2013(4)：72-74.

图 12-13　杨树浦水厂厂房建筑（邢妤 摄）

三、技术史价值

杨树浦水厂是中国近代自来水工业的发端。它见证了近代自来水技术是如何传入中国并得以立足和发展的历史，以及自来水工业对上海发展的贡献的全过程。2013年5月，杨树浦水厂成为全国重点文物保护单位，而且被上海市人民政府列为浦江两岸综合开发和重点保护单位。厂区建筑群是上海市的典型近代建筑遗存（图12-13）。这家水厂的档案是研究中国自来水工业史和技术史的珍贵史料。

杨树浦水厂至今还在为上海杨浦、虹口、普陀、闸北、宝山五个地区近200万市民提供生活用水和工业用水，日供水量为148万m^3，年供水量为4亿m^3，占上海总供水量的四分之一，其水质达到了欧盟标准[①]。目前使用中的机器设备、生产设施和厂房建筑等构成了独特的工业和技术景观，仍需要加以合理保护和定期修缮。

（邢　妤）

① 娄承浩，陶祎珺. 上海百年工业建筑寻迹 [M]. 上海：同济大学出版社，2017：90.

石龙坝水电站

一、概　述

晚清时期兴建的石龙坝电站是中国第一座水力发电站，标志着中国人利用水力发电的开端。

石龙坝电站位于昆明西郊螳螂川（图13–1），清光绪三十四年（1908）开始筹建。当时法国修筑滇越铁路，要求清政府同意其在滇池出口河螳螂川上建设水电站。但是，清政府拒绝了法方的要求，主张自办。昆明大商户王筱斋牵头招募商股，集资筹建，后来

图13–1　螳螂川（李晓岑 摄）

图 13-2　石龙坝电站引水渠

工程实际用款达60多万元[①]。电站定名为“商办耀龙电灯公司”，选址在昆明海口螳螂川，获得云贵总督李经羲的批准。

该工程由德国工程师负责设计和指导，主要人员有水力机械工程师毛士地亚、电气工程师麦华德。德国工程师见石龙坝地理环境优越，遂选在这里建设电站。1910年7月电站开工建设，其引水渠（图13-2）长1 480 m，可得集中落差32 m。电站装备单机容量240 kW的发电机两组，总容量为480 kW。两台水轮机由德国的福伊特（J.M.Voith）公司供货，1910年交付使用（图13-3、图13-4）。发电机和其他机电设备购自德国西门子-舒克公司（Siemens-Schukert Werk），由德商礼和洋行经办（图13-5）。数十吨重的设备经海路运到越南海防，再经滇越铁路运到昆明。1912年5月首台机组开始发电，用23 kV输电线路向距电站32 km的昆明市供电。公司在初期连续亏损，1916年后开始扭亏为盈。公司在1923年扩建二机房，1945年建成三机房，总装机容量达2 920 kW。石龙坝电站在生活

① 云南省志编纂委员会办公室．续云南通志长编．下册．1985：339.

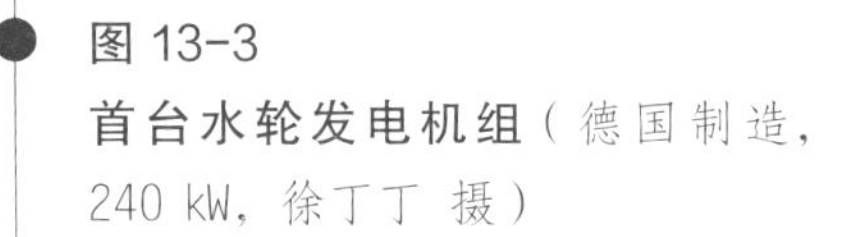

图 13-3
首台水轮发电机组（德国制造，240 kW，徐丁丁 摄）

图 13-4
240 kW 发电机组细部（李晓岑 摄）

图 13-5
首台水轮发电机组上的礼和洋行铭牌（徐丁丁 摄）

和生产供电、防洪、调节滇池水位以及农业灌溉等方面都发挥了重要作用。

石龙坝电站是云南民族资本投资建设的第一个近代工业企业，是中国第一座水电站，比世界上第一座水电站仅晚30多年。

二、现　状

石龙坝水电站先后建成4个车间。第一车间即为原电站一厂，建于1910年的老房子仍然保存完好（图13-6、图13-7）。最初的两台240 kW发电机组几经辗转，其中一台于1987年被石龙坝水电站购回，重新安装在一车间，至今仍能正常发电（图13-3、图13-4）；另一台仍在运转于滇东的富源县黄泥河水电站。它们是中国最早的水轮发电机组。

第二车间建于1923～1926年间，是石龙坝水电站第一次扩建的产物。它利用第一车间的尾水，经过新修的400 m引水渠，获取落差16 m，安装德国西门子（Siemens）公司制造的两台276 kW和一台448 kW水轮发电机组，于1926年3月7日投产发电。现在厂房

图13-6　建于1910年的第一车间外景（李晓岑 摄）

图 13-7 第一车间内部现状

保存完好，但当年的设备已不存在。

第三车间于1942 ~ 1946年间扩建。当时抗战吃紧，设备无法运至昆明，因此，第三车间修复和安装了原第一车间拆除闲置的两台240 kW发电机组，该车间的厂房至今还在。

第四车间建于1949年5月以后的数年中，安装瑞士制造的一台3 000 kW立轴混流式水轮发电机组，于1954年12月31日投产发电。另外装用一台国产3 000 kW发电机组，于1958年6月28日投产发电。第四车间至今还保留着厂房和设备。

三、技术史价值

石龙坝水电站是中国人引进国外技术和设备，开发利用水能资源的发端。至今，100多年前引进的一台发电机依然在螳螂川上运转，继续为云南的经济建设服务，是名副其实的电站文物。水轮机、发电机组、厂房和拦河坝等遗存成为该电站的重要象征物。

昆明石龙坝电站在2006年被国务院批准为全国重点文物保护单位，2018年被国家工业和信息化部列入第一批中国工业遗产保护名录。当地已建成石龙坝水电博物馆，形成集发电、文物保护、教学和旅游为一体的综合性电站，有较高的技术史价值。

（李晓岑　刘德鹏）

联系电

杨树浦发电厂

一、概　况

杨树浦发电厂位于上海市区东部杨树浦路2800号，南濒黄浦江，北沿杨树浦路，东临复兴岛，西指杨浦大桥，是中国现有发电厂中历史最悠久的电厂之一。发电厂始建于1911年，原为上海公共租界工部局电气处经营的江边电厂。几经扩建，至1923年，装机容量达12.1万kW，时为远东最大的火力发电厂[①]。

1929年，工部局将电气处全部资产出售给美国电气债券股份有限公司下属的远东电力公司，电气处改组为美商上海电力公司杨树浦发电处。1941年12月8日太平洋战争爆发，日本侵略军进入租界，对电厂实行军事管理，改称“华中水电公司上海电气支店”。1945年电厂发还美商经营。到1949年中华人民共和国成立时，电厂总容量达到19.85万kW，占上海发电装机容量的76.46%，占全国发电装机容量的10.73%。1950年2月6日，国民党空军轰炸上海，电厂遭受严重破坏，一度几乎瘫痪。同年12月30日，中国人民解放军上海市军事管制委员会受命对美商上海电力公司实行军事管制。1954年，军事管制结束。1958年更名为上海杨树浦发电厂。1998年，上海电力实施改制，该厂更名为上海电力股份有限公司杨树浦发电厂。[②]2010年根据上海市政府节能减排的要求，杨树浦发电厂正式停产（图14-1）。

---

① 马致中．杨树浦发电厂今昔[J]. 中国电力企业管理，2000（03）：15-16.

② 《上海杨树浦发电厂志》编纂委员会，编．上海杨树浦发电厂志（1911—1990）[M]. 北京：中国电力出版社，1999.

图 14-1　杨树浦发电厂正门（张雪飞 摄）

在不同发展阶段，杨树浦发电厂采用了不同特征的设备和技术。第一阶段，在工部局电气处江边电站初建时期，使用的是链条炉排锅炉和汽轮发电机组。第二阶段，采用高效率、低汽耗低中压机组，1929年建成第一台中压机组，装机容量超过当时著名的曼彻斯特电站，达到16.1万kW。装机容量于1934年达到18.35万kW，几乎垄断整个上海市的电力。1941年，美商安装了远东第一台最先进的高温高压锅炉及一台1.5万kW机组，提高了发电容量和低压发电热效率。自1949年起，电厂逐步以高温高压自动控制燃烧的燃煤炉代替燃油锅炉，以高温高压机组和前置机组代替低参数、低效率的小型机组，提高了自动化水平。1954年，工人们在低压锅炉司炉操作中采用薄煤层、低风压、长火床操作法，使锅炉效率由70%提升到87%。这种操作经验被推广到全国。第三阶段，开始

图 14-2 1958 年自行安装的国产 6 000 kW 汽轮发电机组

装备国产设备。1958年，首次安装国产6 000 kW机组（图14-2[①]），结束了47年“洋机”一统天下的局面。1969年，安装我国自行设计创造的国内第一台高压直流锅炉和2.5万kW双水内冷汽轮发电机组，发电容量增至25.415万kW。

为了进一步扩大供热和降低煤耗，杨树浦发电厂在1978年扩建2台220吨/时高压锅炉和2台2.5万kW背压式汽轮发电机，二者分别于1980年和1981年底安装投运。还配套建造了一座180 m高的钢筋混凝土烟囱，加装了5台高效电气除尘器，使烟尘排放达到国家标准。1988年，220 kV变电站中的第一台18万kVA主变压器投入运行，建成国内首座220 kV电压的六氟化硫组合电气开关的大型户内变电站。至此，杨树浦发电厂成为一座区域性发电、供热、变电三者兼备的新型电力企业。[②]

① 《上海杨树浦发电厂志》编纂委员会，编. 上海杨树浦发电厂志（1911—1990）[M]. 北京：中国电力出版社，1999.

② 《中国电力百科全书》编辑部，编. 中国电力百科全书：火力发电卷 [M]. 北京：中国电力出版社，2014.

二、现 状

杨树浦发电厂见证着中国近代电力工业的发展，也承载着大工业时代的变迁和记忆。

目前发电厂的机器设备已成为重要的电力工业遗产。在发电厂的历史陈列馆内，有20世纪20年代的主力机组——8号和9号汽轮机（图14-3[1]），这是远东第一火力电厂的缩影，是镇馆之宝。[2]

图 14-3　一台报废设备

图 14-4　1983 年改建后的电厂新控制室

历史陈列馆中的电气控制室设备曾经是电厂的“中枢”，其顶部装有电扇。原来控制室顶部采用玻璃结构，这使得灯光明亮的控制室成为1950年2月国民党空军轰炸时容易瞄准的目标。此后，电厂放弃了控制室的透明玻璃结构，使其变得较为安全隐蔽（图14-4[3]）。

发电厂先后修建的三根烟囱呈现着不同历史年代的印记和技术特征，且具有一定的景观价值。钢质烟囱（图14-5）建于民国时期，其底部直径7.9 m，顶部直径5.5 m，高105 m，为当时远东最高烟囱。它内衬耐火

① 定海桥畔 . 百年工业——走进杨树浦发电厂 .https://mp.weixin.qq.com/s/pv4eEul7nnd8bMlw7fGTtQ，2015-11-13/2018-6-1.

② 定海桥畔 . 百年工业——走进杨树浦发电厂 .https://mp.weixin.qq.com/s/pv4eEul7nnd8bMlw7fGTtQ，2015-11-13/2018-6-1.

③ 《上海杨树浦发电厂志》编纂委员会，编 . 上海杨树浦发电厂志（1911—1990）[M]. 北京：中国电力出版社，1999.

图 14-5 民国时期的烟囱

图 14-6 1980 年代的杨树浦发电厂

砖，用防酸水泥砌筑，外包铆接的钢板，可承受时速为186 km的最大风力。1978年建造了180 m高的钢筋混凝土烟囱（图14-6[①]）。1992年建造第三根烟囱。钢质烟囱在2002年被拆除，其钢板底座现收藏于上海市历史博物馆。现今，杨树浦发电厂留存的是后建的两根混凝土烟囱（图14-7）。[②]

图 14-7 现在的杨树浦发电厂（张雪飞 摄）

① 《上海杨树浦发电厂志》编纂委员会，编．上海杨树浦发电厂志（1911—1990）[M]. 北京：中国电力出版社．1999.

② 孵城内．百年杨树浦发电厂现成为上海工业旅游景点．http://sh.qq.com/a/20131025/004426.htm，2013-10-25/2018-6-1

多层厂房的出现是中国近代工业建筑技术的一个重要进步。早期的多层房是砖木结构的。20世纪初，钢结构和钢筋混凝土结构兴起，逐渐淘汰砖木结构厂房。杨树浦发电厂的锅炉房是另一类重要的工业遗产（图14–8）：1号锅炉房建于1913年，属于近代中国最早的钢框架结构的多层厂房之一[①]；5号锅炉房建于1938年，采用十层钢结构，是当时中国采用钢框架结构最高的多层厂房[②]。

图 14–8 **杨树浦发电厂锅炉房**（张雪飞 摄）

图 14–9 **优秀历史建筑**（张雪飞 摄）

三、技术史价值

杨树浦发电厂于1994年被评为优秀历史建筑（图14–9），现为杨浦区文物保护单位。其保留下来的工业建筑是近代上海市工业文明发源和演变的重要见证，是城市记忆的一个组成部分，具有特殊的历史文化价值。这些建筑和现存的机器设备反映了火力发电技术的革新换代，具有重要的技术史价值。

杨树浦发电厂现存的历史建筑和机器设备应当妥善保护和合理利用，例如：完善历史陈列馆，充实工业遗物，使之成为一个电力工业博物馆；还可以考虑将电厂工业遗存与相邻的上海国际时尚中心（原裕丰纺织株式会社）的购物、娱乐、休闲等元素相结合，进行综合性的保护与开发利用。

（张雪飞）

① 毕芳，朱兵司，刘柯岐 . 建筑的发展与设计方法 [M]. 北京：中国水利水电出版社，2015：182.

② 罗小未 . 上海建筑指南 [M]. 上海：上海人民美术出版社，1996：250.

花鸟灯塔

一、概　况

花鸟灯塔始建于清同治九年（1870），是清政府海关海务科筹备建设的第一批灯塔之一（图15-1）。它位于浙江省舟山群岛的嵊泗列岛东北部[①]的花鸟岛。花鸟（山）灯塔就坐落于这个小岛的花鸟山西北角的山嘴上，占地面积大约为2.2万km^2。[②]花鸟岛位于中国沿海航线和长江航线的交叉处，其东面就是公海，在海陆交通运输等方面有着重要地位。船舶从上海港、洋山港、宁波等港口出发，无论是去国内外近洋航线，还是去其他远洋航线，都要借助花鸟灯塔导航。[③]这座灯塔是中国沿海近百座灯塔中规模最大的，且被誉为“远东第一灯塔”。

图15-1　花鸟灯塔（孙正坤 摄）

花鸟灯塔的建设与时任海关总税务司罗伯特·赫德（Robert Hart）有关。赫德来自英国北爱尔兰，1863年11月就职清朝海关总税务司，开始了长达45年的“大清海关总管”生涯。在担任海关总税务司5年后，即1868年，他向清政府建议：“为了中国沿海进行贸易的船舶利益，一

① 国家文物局，主编．中国名胜词典（精编本）[M]．上海：上海辞书出版社．2001：450.

② 丘富科，编著．中国文化遗产词典[M]．北京：文物出版社．2009：143.

③ 史小珍，郭旭．舟山群岛·岛屿明珠[M]．杭州：杭州出版社．2009：161.

般地说，真正的需要如下：在远航中给予船舶以危险警告，这就应在必要的地方设置灯塔。”[①]这一建议被清政府采纳，这就有了海关海务科筹备建设的第一批灯塔。

这一批灯塔均由赫德勘察并选择出合适的位置，花鸟灯塔也是其中之一。花鸟灯塔由清政府筹划并出资，英国人设计建造，这座灯塔中最著名的牛眼透镜也是这一时期设计制造出来的。后来灯塔委托给英国人进行管理。据当时任清海关副税务司班思德（T. Roger Banister）所著的《中国沿海灯塔志》记载，花鸟灯塔的设施、设备是不断更新完善的。刚建立完成的时候，其烛力只有38 000枝，到1899年（光绪二十五年）改置12加仑压油灯，并配以6芯灯头，烛力增为45 000枝。1916年，复改置头等镜机，旋转于水银浮槽之上，并装置煤气灯头，配以55 mm白炽纱罩，每15秒钟闪光1次，烛力增至500 000枝。在增强烛力的同时，海务科还在清宣统年间为其增加了电钟。1923年，为它增置头等地雅风（Diaphone）雾笛一具。此雾笛以12马力引擎和3架压缩空气机驱动，用于雾天导航。经过不断更新，花鸟灯塔拥有光、电和声等齐全的导航方式，可为不同距离、不同海况航行的船只提供导航。[②]

1943年，日本人占领花鸟灯塔，并改变了灯塔的信号闪烁频率和灯光颜色，使得其他船只无法理解其信号的含义。一名来自澳大利亚的女子琼尼提到，他的祖父及其同事利用各种方式泄露日本人的灯塔信号机密，破坏了日本军队的阴谋。1945年，中国空军对花鸟灯塔进行了一次轰炸，但没能炸掉灯塔。这次轰炸给灯塔的牛眼透镜留下了几处弹痕（图15-2）。[③]

图 15-2 抗战时期中国空军轰炸留下的弹痕（孙正坤 摄）

花鸟灯塔经历过许多次整修和战争

① 浙江省嵊泗县花鸟乡政府，编．海上花鸟 [M]. 北京：海洋出版社，2014：39.

② 邓进平．舟山灯塔历史概述 [J]. 浙江海洋学院学报（人文科学版），2015，32(03)：51-54.

③ 史小珍，郭旭．舟山群岛 · 岛屿明珠 [M]. 杭州：杭州出版社，2009：160.

的洗礼，至今依然屹立在我国的舟山群岛，它在近洋、远洋贸易和渔业等方面都发挥着重要的作用。

二、现　状

花鸟灯塔是一座圆柱形建筑，其建筑和装饰均属欧式风格，塔身总高16.5 m，整体上呈由黑白两色。灯塔分为4层，底层是砖石混凝土结构，中层是一个带有金属围栏的瞭望台，上层是由许多玻璃拼成的墙体，金属制作的顶层呈半球形，上边装有风向指示器（图15–3）。

图 15–3　灯塔概貌（孙正坤 摄）

上层的牛眼透镜是灯塔的核心装置之一，是赫德时期的原物（图15–4、图15–5、图15–6）。它是由四面圆形的头等镜机组成，每一个面都用8圈三菱形水晶玻璃拼装。[①]头等镜机上安装有转机装置（图15–7）。光源采用氙气灯泡（图15–8），通过4面透镜发出4束光线。船只在同一个地点每15秒可以看到1次灯光。

这座灯塔配备了中国声音传播距离最长的气雾喇叭，其声音可传播到4海里远。它每80秒鸣笛2次，每次鸣笛1.5秒，有效地解决了大雾天气的导航问题。[②]此外，灯塔附近还有2个无线电塔，以无线电进行远距离导航，告知过往船只所在方位。

---

① 史小珍，郭旭．舟山群岛 · 岛屿明珠[M]. 杭州：杭州出版社，2009：160.

② 史小珍，郭旭．舟山群岛 · 岛屿明珠[M]. 杭州：杭州出版社，2009：160.

图 15-4 赫德与牛眼透镜

图 15-5 牛眼透镜近景（孙正坤 摄）

图 15-6 牛眼透镜远景（孙正坤 摄）

灯塔旁边有一个小型陈列室，这里展示着花鸟灯塔简史、守灯楷模人物和工具设备等（图15-9）。它记录了一代代守灯人的艰辛工作，见证了这座灯塔从声光定位到现在的AIS航标、北斗遥测和E航海助导航的转变。这里还展出了赫德向清政府建议修建沿海灯塔的文件，1868～1901年大清海关有关灯塔、码头、浮筒以及信号等事宜的函件。由于大清海关有大量外籍职员，因而很多函件是用英文写成的。

图15-7　牛眼透镜转机装置（孙正坤 摄）

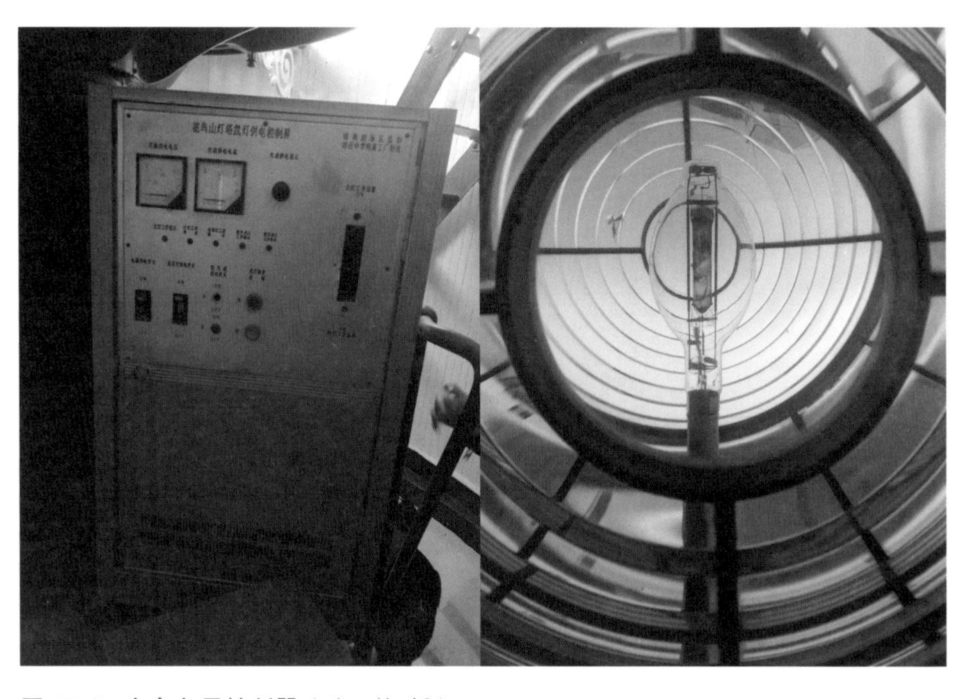

图15-8　氙气灯及控制器（孙正坤 摄）

图 15-9 花鸟灯塔陈列室部分展品组图（孙正坤 摄）

三、技术史价值

花鸟灯塔历史悠久、规模大、功能齐全、设备先进，在国际上一度也有很大的影响力，被视为“远东第一灯塔”，在近代中国和东亚航海史上占有一定的地位。它在1997年被国际航标协会（IALA）列为世界历史文物，2001年被中华人民共和国国务院列为第五批全国重点文物保护单位。

（杨小明 孙正坤）

永利碱厂

一、概　况

永利碱厂①位于天津塘沽（今天津市滨海新区），由爱国实业家范旭东先生等人于1917年筹办，是中国化学工业的摇篮和中国海洋化学工业的发源地。

第一次世界大战爆发后，中国进口碱的数量急剧下降，人们只能用“土碱”，许多以纯碱为原料的工厂被迫停工。于是，范旭东等人决心创办属于中国人自己的制碱厂。其1914年在塘沽成立久大精盐厂，1917年着手创办永利碱厂，1922年创办黄海化学工业研究社②，至此“永久黄”化工体系成型。

1919年，永利碱厂在天津塘沽破土动工，其核心生产厂房——蒸吸厂房（老北楼）11层当时号称“东亚第一高楼”。1921年侯德榜回国主持碱厂建设，于1923年完成基本建设（图16–1），并采用氨碱法，即苏尔维制碱工艺③。历经多次改进，终于在1926年6月29日生产出合格的纯碱，并将之定名为“红三角”④。“红三角”牌纯碱在1926年8月美国费城万国博览会上获金质奖章（图16–2），在1930年荣获比利时工商博览会金奖（图16–3）。侯德榜用英文写出专著《纯碱制造》（图16–4），于1933年在美国出版。此举将苏尔维制碱工艺公之于世，打破了苏尔维集团的技术垄断，赢得了人们的尊重。

---

① 永利碱厂于1972年改为天津碱厂，这一名称沿用至今。

② 黄海化学工业研究社是中国第一个私立化学研究机构，由孙学悟担任社长。起初它注重有机化学、无机化学两个研究方向，旨在为久大精盐厂、永利碱厂解决生产技术问题。

③ 1791年，法国人发明了以盐制碱的路布兰法（Leblanc process）。1861年，比利时人苏尔维（Ernest Solvay）借助氨来改进路布兰法，于1862年以食盐、氨、二氧化碳为原料制得碳酸钠，是为氨碱法（ammomia soda process），又称苏尔维法。

④ 天津碱厂志编修委员会．天津碱厂志[M]. 天津：天津人民出版社，1992：9.

图 16-1 永利碱厂
（资料来源：《图说滨海》）

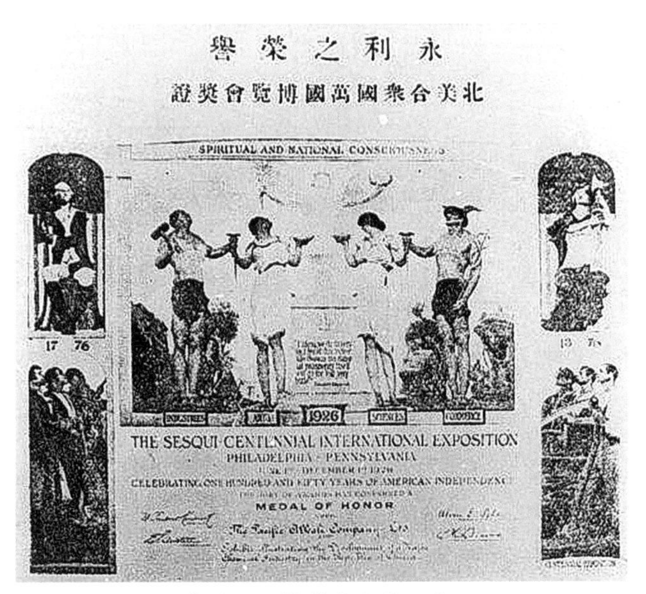

图 16-2 美国费城万国博览会金奖证书
（图片来源：《近代天津图志》）

图 16-3 比利时工商博览会金奖证书
（图片来源：《近代天津图志》）

1937年，日本三菱公司占据永利碱厂，范旭东带领“永久黄”化工体系骨干人员迁往四川，在那里重建化工基地。1943年，侯德榜采用合成氨和制碱两大工业联合生产的方法生产纯碱和氯化铵，此法被范旭东定名为“侯氏制碱法”，后称为“联合制碱法”。永利碱厂在1949年塘沽解放后重新复工，1952年成为全国第一家实行公私合营的企业，1955年与久大精盐合并为“永久沽厂”。碱厂在1968年拟采用侯氏制碱法建联碱工程，但该工程直到1978年底才建成投产。

图 16-4　侯德榜专著《纯碱制造》

天津碱厂可划分为纯碱分厂、化肥分厂、化工分厂、动力分厂、机修分厂、仓储运输等几个部分（图16-5），其中核心生产区为氨碱法生产区的纯碱分厂和联碱法生产区的化肥分厂。氨碱区以原盐、石灰石、煤等为原料，通过一系列的化学反应，将原盐中的钠离子同石灰石中的碳酸根离子结合生成碳酸钠（纯碱），其工艺流程见氨碱法生产纯碱流程示意图（图16-6）。联碱区生产纯碱与氯化铵[①]，其工业流程见联碱法生产纯碱和氯化铵流程示意图（图16-7）。氨碱和联碱这两套生产系统最能体现永利碱厂的技术价值。

二、现　状

随着城市的不断发展，永利碱厂所在位置逐渐成为塘沽的中心区域。2009年12月永利碱厂的联碱系统停产，2010年10月氨碱系统也停产，碱厂搬迁到临港渤海化工园。碱厂原址改建为住宅小区和商业广场，只保留了白灰窑、科学厅和黄海化工研究社图书馆。

白灰窑是氨碱法制碱工艺中完成石灰石煅烧的重要设施（图16-8），主要是为碳化车间提供二氧化碳气体以及盐水车间和回收氨气需要的石灰乳。现存的白灰窑建于20世纪30年代，设备保存完好。由于原址要建设住宅小区，白灰窑已经搬至紫云公园内（图16-9）。

① 大连制碱工业研究所 . 纯碱工业知识 [M]. 北京：石油化学工业出版社，1975：57.

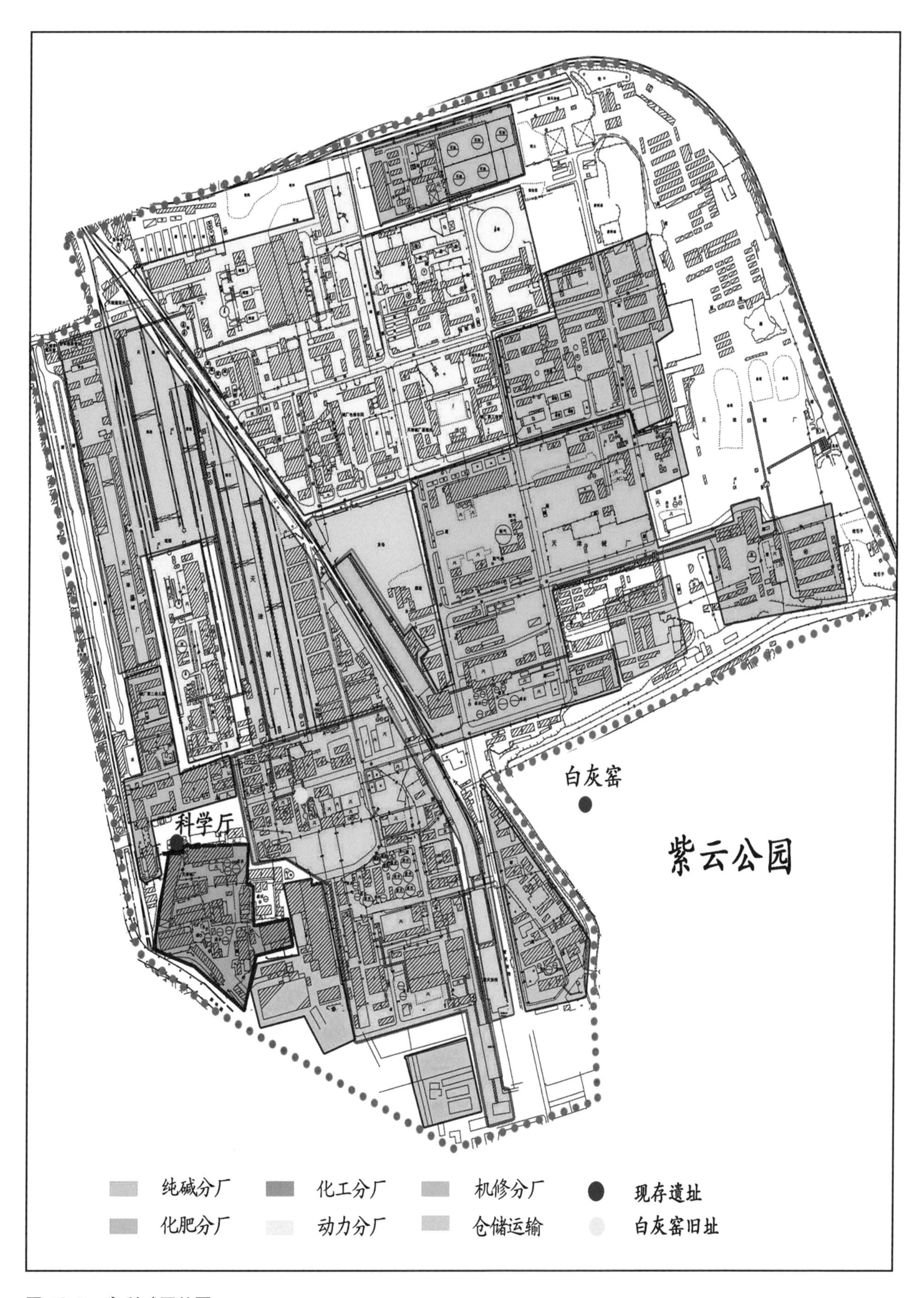

图 16-5　永利碱厂总图

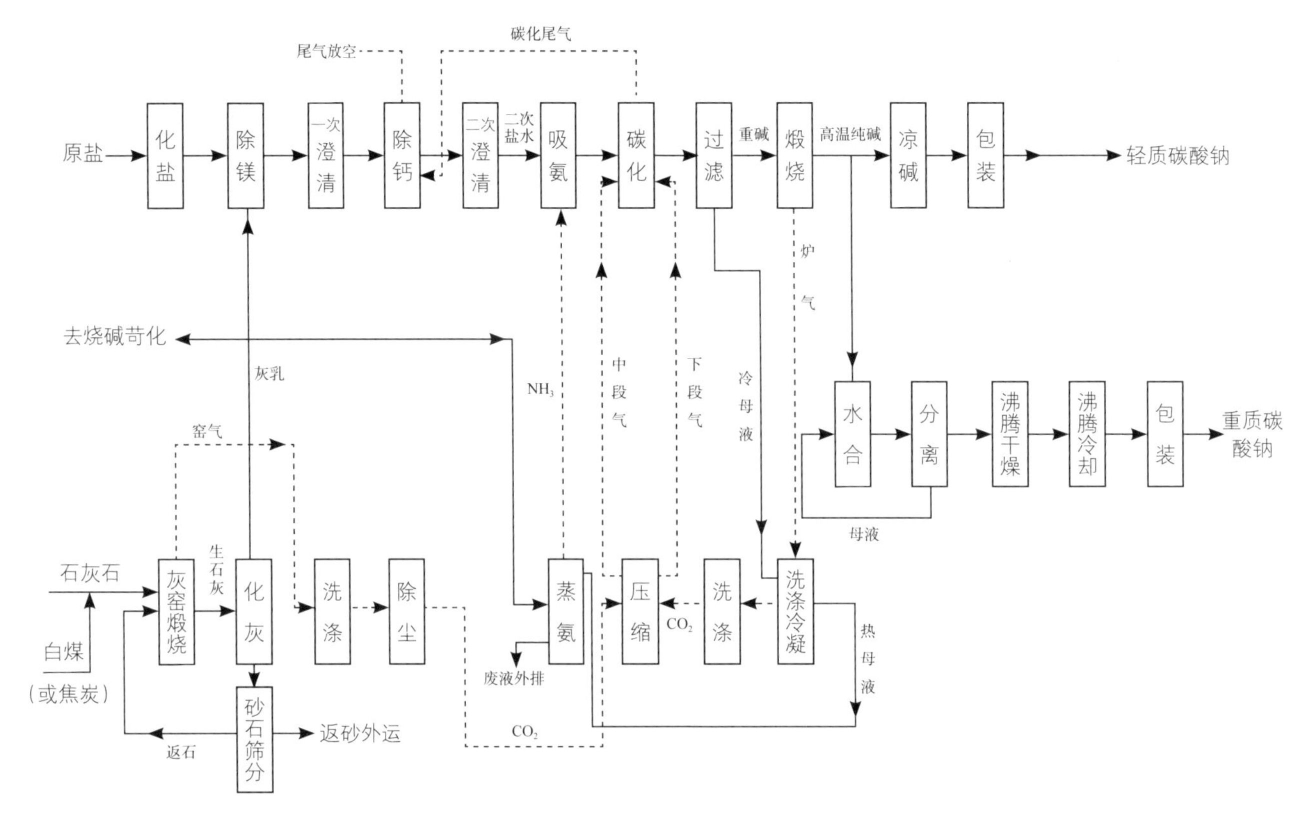

图 16-6　氨碱法生产纯碱流程示意图

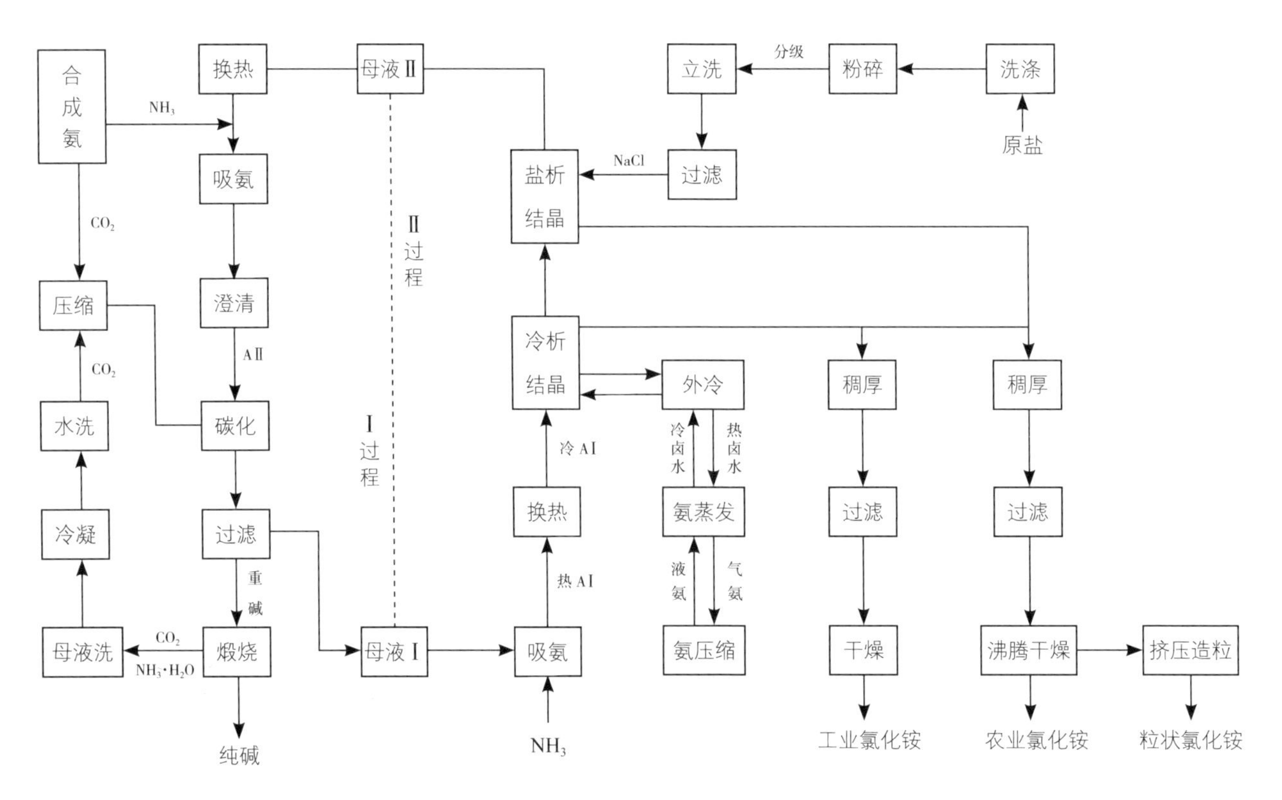

图 16-7　联碱法生产纯碱与氯化铵流程示意图

科学厅（图16-10）位于碱厂旧址的正门南侧150 m处，为砖混结构的单层建筑。它坐南朝北，屋顶为四坡式，作办公用。现为天津市滨海新区文物保护单位。

黄海化学工业研究社图书馆（图16-11），这座建筑为二层英式楼房，砖混结构，坐北朝南，屋顶为尖顶四面坡式样，占地440 m^2。首层正门前有门廊，门廊顶部饰有围栏，形同露台。这里曾是天津碱厂的厂史纪念馆，现为全国重点文物保护单位。

图 16-8 白灰窑

图 16-9 白灰窑现状

图 16-10　科学厅

图 16-11　黄海化学工业研究社图书馆

三、技术史价值

永利碱厂是近代中国实业家和科学家利用自主研发技术创办化学工业的典范，在中国化工史和技术史上占有独特的地位。侯德榜勇于创新，他的“联合制碱法”成为中国的主要制碱工艺之一。永利碱厂工业遗产是化工创业和创新史的实物见证，具有突出的技术史价值。

在现存遗产中，黄海化学工业研究社旧址被列为全国重点文物保护单位，久大精盐公司旧址被列为天津市文物保护单位，永利碱厂驻津办事处旧址入选天津市第一批保护性建筑名录，永利碱厂旧址被列为滨海新区文物保护单位。这些遗存大都是办公性质的建筑，而承载氨碱法制碱和联合制碱工艺的建筑物大多已被拆除，仅存的白灰窑也被迁移至紫云公园内，保存状况堪忧。

（闫　觅　青木信夫　徐苏斌）

中东铁路

一、概 况

中东铁路是19世纪末期，沙俄为了控制远东地区而在中国东北境内修建的一条的"T"形铁路（图17-1[①]）。它是西伯利亚大铁路在中国境内的一段，将中国与俄国连接在一起。中东铁路主干线西起满洲里经哈尔滨，东至绥芬河，横穿黑龙江省、内蒙古自治区，全长超过1 480 km；支线北起哈尔滨经长春，南至大连（旅顺），纵贯吉林、辽宁两省，全长超过940 km[②]。

中东铁路于1897年破土动工，以哈尔滨为中心，从东、西、南3个方向6个节点同时开始相向施工，于1903年全线通车。同时，在其沿线区域大兴土木，修建火车站、铁路管理局、铁路职工居住区和铁路城镇等。

中东铁路历经百年，路权多次变化，其历史发展历程可划分为5个阶段：①1897～1905年由沙俄全面建设管理，是快速发展阶段；②1905～1924年由日俄分据，日本占据支线的长春到旅顺区段（改称为"南满铁路"）；③1924～1933年由中、苏共管；④1932～1945年全线由日本独占，由"南满洲铁道株式会社"管理；⑤1945年《中苏友好条约》签订，中东铁路于1952年由中国彻底收回。

中东铁路由铁路线路，沿线车站，机车及车辆，铁路信号以及通信设备等构成。

---

① ［俄］Китайско-Восточнаяжелезнаядорога（КВЖД）[EB/OL]. http://files.school-collection.edu.ru/dlrstore/259d3e76-dab3-4cda-b373-02327f97c5d9/%5BIS9IR_1-04%5D_%5BTD_06%5D.html.

② 姜振寰，郑世先，陈朴．中东铁路的缘起与沿革[J]. 哈尔滨工业大学学报（社会科学版），2011，13（1）：1–15.

图 17-1　俄文中东铁路地图

图 17-2 滨洲铁路桥现状（江畔 摄）

铁路线路是由起支撑作用的路基、跨越或穿越自然地貌的桥隧工程以及轨道组成的一个整体工程结构系统[①]。中东铁路途经地形地貌复杂的山地、丘陵地带，并跨过多条水系，这为铁路的建设带来一定的困难。同时，蒸汽机车对线路途经之地的坡度也有一定要求。因此，通常以架设桥梁、挖掘隧道和修建展线等方式解决上述困难问题，以保证火车顺利通行。建设初期，负责设计和建设隧道与桥梁等的工程师大都来自俄罗斯、意大利等欧美国家，他们引入了较先进的铁路工程技术。

铁路站区是由车站、站台、轨道、设备和铁路维护设施等，如机车库、修理厂等构成的服务于铁路运营的系统。车站可分为区段站、中间站和编组站。早期中东铁路使用蒸汽机车，因此，选线时将沿线水资源、林业资源及矿产资源分布情况作为重要参考依据，目的是更好地为铁路运行提供支持。受蒸汽机技术限制以及铁路运输系统内在功能需求的影响，中东铁路沿线的中间站分布于各个区段站之间，中间站的间距约为10 km。车站划分为特等站，一、二、三、四、五等站，唯一的特等站是哈尔滨站。站区内大都设有水塔，重要节点车站还设有维修厂、机车库等大型维护场所，如位于哈尔滨、大连等地的车辆厂、机车维修厂等。

---

① 佟立本，主编 . 铁道概论 [M]. 6版 . 北京：中国铁道出版社，2013.

二、现 状

中东铁路留下了大量的工业遗产，部分遗产仍在使用中。铁路线路和站区是最能体现当时铁路技术，反映历史发展的重要物证。其中具有代表性的铁路线路遗址有哈尔滨松花江滨洲铁路桥、大兴安岭隧道及展线、众多火车站建筑及相关配套机车库、中东铁路总厂及相关设施等。

哈尔滨松花江滨洲铁路桥（图17–2）是铁路桥梁史上的重要工程，修建于1900年，是当时中东铁路跨度最大的单线铁路桥，也是当时国际上为数不多的特大铁路桥梁。桥梁采用铸铁下悬钢桁架结构，总长为1 003 m，宽7.2 m，桥面铺设单线轨铁道。全桥共计18跨，其中8跨为曲弦钢桁梁结构体系，另外10跨为钢桁梁结构体系。除了出色的结构设计外，该桥还反映了当时先进的钢铁水平和桥墩基础沉箱施工技术。18个桥墩由花岗岩砌筑，桥墩上的桁梁由波兰华沙铁工厂制造，然后在哈尔滨拼装架设。

如今，这座桥被改造为中东铁路公园的一部分，成为城市的重要历史文化景观。

大兴安岭隧道及展线（图17–3、图17–4），修建于1900年，是中东铁路线上规模较大的铁路工程。大兴安岭隧道历经2次勘测才投入建设，技术难度大。隧道长3 077.2 m，宽8 m，高7 m，线路标高为920～960 m，隧道内原铺设双线[1]，单线行车。“石砌”是修建中最重要的技术，其作业量巨大。

图 17–3 兴安岭隧道入口（高飞 摄）

① 陈志涛 . 滨洲铁路兴安岭隧道病害整治 [J]. 哈尔滨铁道科技，2016(03)：17–19.

图 17-4　兴安岭螺旋展线
（引自：Views of the Chinese Eastern Railway 画册）

展线是为了使列车顺利进出隧道而修筑的。兴安岭西坡坡度较小，而东坡倾斜度大。由于隧道东口至雅鲁河谷有较大高差，所以需填筑提高路堤，并修建绕行约 2 km 的螺旋展线来缓解坡度（展线进入隧道口前的线路坡度为 15‰）。这是中国第一条螺旋展线，在中国铁路史上独具特色。

中东铁路沿线设有车站百余座。香坊火车站是中东铁路建设最早的车站，初建时称为“哈尔滨站”，1924 年更名为香坊站。该站由车站建筑（图 17–5）和水塔（图 17–6）组成，它们分别建设于 1898 年和 1915 年。车站建筑为仿古典的折中主义建筑风格，砖木结构，建筑平面呈山字形，立面为对称式。水塔塔基为岩石砌筑，塔身为红砖，塔顶由 16 角结构的木保温层围合，顶部有窗式通风口。该水塔是中东铁路沿线保存完好的水塔之一。

图 17-5　香坊火车站（江畔 摄）

图 17-6　香坊火车站水塔
（引自：大话哈尔滨）[1]

中东铁路管理局（图17-7），俗称“大石头房子”，始建1902年，是哈尔滨早期行政办公建筑中规模最大、最为显赫的一栋[2]。它由建筑师德尼索夫设计，属于典型的新艺术运动风格建筑。整座建筑总面积为16 580 m^2，由6栋相对独立的部分组成，建筑正立面长182.24 m，划分为三大部分，由过街楼连接，建筑外墙面全部采用不规则的青石板饰面，工艺精湛，造型简洁、端庄。它从空间布局到建筑造型都彰显了中东铁路管理中枢的崇高地位。如今，这座建筑被用作哈尔滨铁路局的办公大楼（图17-8）。

图 17-7　中东铁路管理局历史图片
（引自：Views of the Chinese Eastern Railway 画册）

① 大话哈尔滨 http://imharbin.com/

② 刘松茯．哈尔滨城市建筑的现代转型与模式探析（1898～1949）[M]．北京：中国建筑工业出版社，2003.

图 17-8　哈尔滨铁路局办公大楼[1]

扇形机车库是中东铁路最具特色的一类遗产，用于蒸汽机车检修、存放以及调转车头之用，通常修建在沿线重要车站站区内。横道河子机车库是现存机车库中保存相对完整的一座，建成于1903年，由扇形机车库建筑、圆形调车台、放射形轨道三部分组成，其中机车库建筑面积为2 160 m^2，由15个车库单元组成（图17–9）。机车库因圆形调车台而顺势设计为扇形平面（图17–10[2]）。每个车库门前都有一条轨道与圆形转盘连接。将圆盘转动，上面的道线对准各门轨道，机车就可以随意调转方向。

横道河子机车库的建筑细节展示出设计者在机车性能、检修作业条件等方面的充分考量。例如：建筑顶部有一排整齐的烟囱，用于排放蒸汽机车产生的烟尘；建筑前方设木质双开门，后方山墙上方设有窗户，保证通风和充足的采光，方便对机车的检修；在建筑结构方面，机车库整体为石基础，清水砖墙，壁柱加固，钢柱和钢梁支撑起15个

① 引自：http://chinapic.people.com.cn/forum.php?mod=viewthread&tid= 5677757&page= 1.

② 引自：http://chinapic.people.com.cn/forum.php?mod=viewthread&tid= 5929698&highlight=%BA%E1%B5%C0%BA%D3%D7%D3

混凝土拱顶，屋顶砌筑为三角形，并配合精致的装饰。这座机车库是建筑功能与形式有机结合的典范，具有较高的技术价值和艺术价值，反映了20世纪初期国际铁路建筑的技术水平。

中东铁路总工厂始建于1898年。新厂建成于1907年，后称为中东铁路哈尔滨总工厂，现有车辆厂锻造车间厂房、水塔、烟囱3处工业遗存。该工厂主要修造机车和车辆。厂房建筑采用金属内框架结构（图17-11），屋架和承重柱均为金属构件，屋架根据跨度采用复合式、三角形式、芬克式等多种，屋架最大跨度为21.33 m。[①]中东铁路总工厂遗址区域已经被改造为火车头广场（图17-12）。

① 司道光，刘大平．中东铁路近代建筑技术价值解析 [J]. 城市建筑，2015(10)：47-49.

图 17-9　横道河子机车库鸟瞰图
（引自：大话哈尔滨）

图 17-10
横道河子扇形机车库
（季宪 摄）

图 17-11
中东铁路总工厂锻造车间
（司道光 摄）

图 17-12
中东铁路总工厂遗址现状
（江畔 摄）

三、技术史价值

中东铁路是中国早期工业化的实物例证，因其遗产的完整性和系统性而在全国具有突出的代表性。作为跨国技术转移与文化交汇的结果，它具有重要的技术史价值和其他历史价值，承载着东北地区100多年来的开发建设、列强扩张、民族独立和国家复兴的曲折历史。

中东铁路遗产资源分布广、存量大、类型丰富，2018年1月入选中国科学技术协会颁布的“中国工业遗产保护名录（第一批）”。如今，部分遗产仍然发挥着作用，有关机构和学者已经致力于这条铁路遗产的研究、保护和开发。

（邵　龙　江　畔）

滇越铁路

一、概　况

滇越铁路起自越南海防，经由云南河口进入我国，终点为昆明，全长855 km，其中中国段（简称“滇段”）长465 km（图18–1）。滇越铁路的越南段于1901年动工，1903年竣工。滇段于1903年10月动工，1910年竣工。本文所述滇越铁路特指滇段部分。[①]1943年国民政府收回滇段路权，并出于抗战需要，拆除了开远至河口间大部分线路和桥梁。1950年2月人民政府接管滇段路权并于1958年全线复通。

在铁路修建过程中，法国巴底纽勒建筑公司（Société de Construction des Batignolles）和铁路管理总局（RégieGénérale de Chemins de fer）派出工程师进行铁路的勘测、设计和指导施工。巴底纽勒公司的桥梁工程师保罗·约瑟夫·波登（Paul Joseph Bodin）因地制宜地设计了沿线多座金属构架桥梁，这些桥梁因设计巧妙，结构复杂，而具有较高的技术史价值。

滇越铁路的修建在当时具有以下技术特点。

一是在线路选择上，滇越铁路需要从中南半岛的低海拔平原穿越横断山脉至昆明，因此线路走向具有较大坡度。自河口至中间站开远间，在200 km多的距离内需要爬升大约1 500 m。在铁路允许的最大坡度范围内，选线兼顾了地理条件、成本、运力等多方面的因素。曾有另外一条沿新现河北上的方案（亦称“西线方案”），但最终因最大坡度的问题而被放弃。

二是在地质复杂区段因地制宜地设计了大量含有特殊排水沟的隧道、涵洞和挡土墙等设施。铁路全线最为困难的区段是位于南溪河谷的部分（图18–2），其地质条件十分不

① 本文中所列举的位置均以河口为0km处计算。

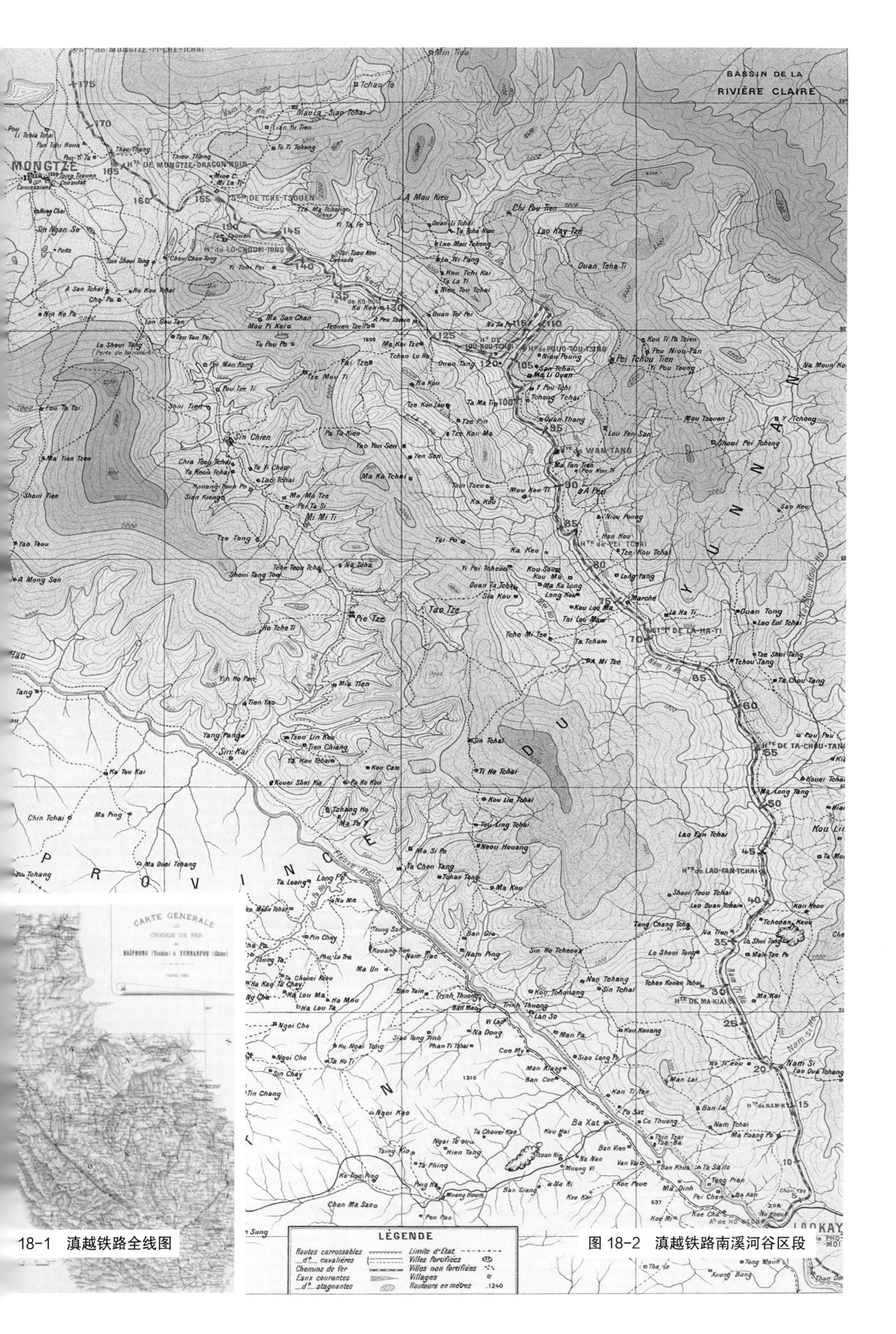

18-1 滇越铁路全线图

图 18-2 滇越铁路南溪河谷区段

图 18-3 仍旧在使用的铁路隧道（陈培阳 摄）

稳定，常发生暴雨、泥石流和地震等灾害。在该区段内，设计者设计了大量特殊的排水设施与加厚的挡土墙，以保证铁路安全，并尽可能降低建设成本。这在当时山区铁路控制地质灾害的影响方面达到了较高的技术水准。

三是波登设计了极具特色的金属构架桥梁，包括克服狭窄悬崖的空间限制而修建的、位于111 km处的肋式三铰拱钢梁桥（人字桥），以及南溪河谷中多座上承式金属高架桥。这些桥梁采用钢构件拼接修造，适应了南溪河谷这种线路走向和地理条件变化多端的特点，降低了成本，提高了建造效率。

二、现　状

滇越铁路存留比较完整，全线仍在运用，发挥着基本运输功能。历史遗存主要有线路上的不可移动设施、可移动文物和文献。

隧道、涵洞、排水渠和挡火墙等克服复杂地质条件的不可移动设施在铁路沿线广泛存留，仍旧起到保障铁路安全的重要作用，例如位于双石岩的隧道（图18–3），利用了既有的溶洞，在隧道两侧设计了排水设施来保证隧道结构的稳定。又如滴水站内，针对当地水文地理特征，设计了特殊的排水设施（图18–4）。在水塘至宜良，狗街至打兔寨，玉林山至草坝，碧色寨至山腰间都有大量各种因地制宜的控制路害的工程结构。

图18–4 滴水站内的排水设施（陈培阳 摄）

铁路沿线存有许多突出技术特征的不可移动的桥梁设施。首先是人字桥，该桥桥长67.35 m，由4孔简支上承式多腹杆钢梁组成，自昆明端起4个支撑点的跨度分别为21.525 m，14.35 m，14.35 m，15.375 m（图18–5）。因其形态类似汉字“人”，故亦称人字桥。由于人字桥建造于狭窄的两座悬崖之间，因此在施工过程中，设计师波登因地制宜地设计了一种拱架合拢的方法来修建该桥，使这座桥梁成为考察同期世界范围内金属拱形铁路高架桥的重要范例，并成为“滇越铁路”的一个象征物。

其次是多座石拱桥，其主要分布于戈姑至开远间。其中全线跨度最长的为玉林山大桥，其结构为7孔跨度10 m的石拱桥，其桥墩高度分别为14.227 m，17.683 m，18.639 m，18.995 m，18.651 m，9.807 m[①]（图18–6、图18–7）。之所以修建成石拱桥，是因为蒙自附近设有滇越铁路公司的水泥生产实验室，便于获取原材料。若用钢材建桥，则运输成本过高。

再次，滇越铁路有6座下承式穿式金属桥梁，即位于145 km处的落水洞桥，222 km处的南洞河桥（图18–8），240 km处的小龙潭桥（图18–9），332 km处的糯租桥，349 km处的禄丰村桥，365 km处的狗街桥。为保证构建材料的标准化，这一类桥梁均是由两侧

① 该长度均为河口一侧的高度。

图 18-5　1909 年的人字桥和人字桥现状（陈培阳 摄）

图 18-6 玉林山七孔石拱桥（陈培阳 摄）

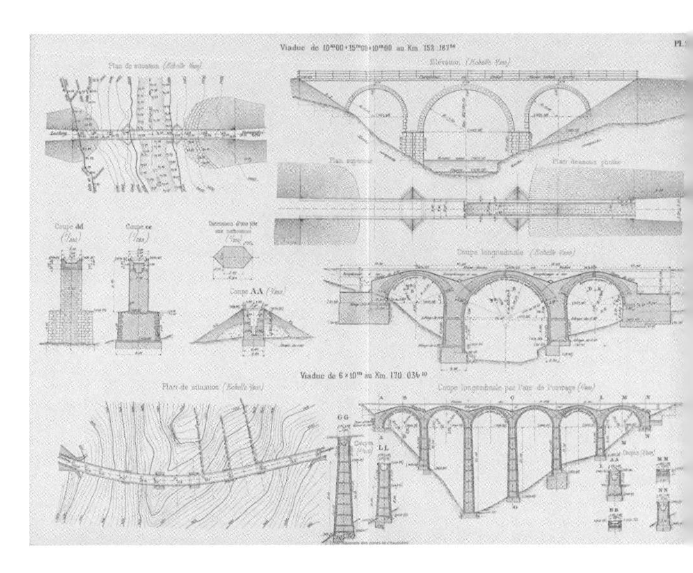

图 18-7 玉林山七孔石拱桥设计图

图 18-8 南洞河桥（陈培阳 摄）

图 18-9 小龙潭桥（陈培阳 摄）

的石质桥台与50 m跨度的金属桁梁构成。目前落水洞桥已改为普通的上承式钢板梁桥，另外三座桥梁的金属桁梁已于1949年后被逐渐改造为Warren型梁①（图18-10）。现存完整的此类桥梁仅剩下仍旧在运用的南洞河桥与已废弃但保存完整的小龙潭桥。这一类现存桥梁体现了当时穿式金属桥梁的结构与技术标准化的特点和历史风貌。

此外，在南溪河谷中还有多座仿照美国式的上承式金属高架桥，这一类高架桥结构均为金属桥墩，由单座或多座钢梁跨拼接而成，形成一种类似栈桥的结构，白寨大桥

① Warren 型梁源自1850年建于美国印第安纳州 Warren 镇的一种钢梁结构，是利用三角形拼接的方式建造的钢桁梁类型。

图 18-10　已改造为 Warren 型梁的糯租大桥（陈培阳 摄）

（位于铁路83 km处）是这类桥梁中的最具技术特色和可视性的一座（图18-11）。它是9个20 m梁跨拼接而成的曲线桥梁，桥面上铁路曲线由半径100 m的圆弧，直线和抛物线段组成。其余桥梁均为8 m梁跨拼接而成，桥面上铁路曲线半径均为100 m，因此曲线超高是相同的。从技术史角度看，这类桥梁最大限度地实现了材料的标准化，一定程度上反映了当时铁路金属桥梁的修建水平，同时均具有鲜明的地域性特征。

滇越铁路的车站建筑及附属设施，包括站房、站台、部分车站的机车转盘与水鹤等。滇越铁路的车站，除去已拆除的昆明府站和重建的开远站与河口站，站房建筑和站台保存均比较完整，如具有法式建筑风格的滴水站站房（图18-12）和利用鹅卵石搭建的西洱站站台（图18-13）。用于机车整备的转盘也保存完整。其中腊哈地的转盘不仅仍在使用且保留了人力推动转盘的技术特征，芷村转盘则封存于原芷村机务段内。此外，在山腰站的三角折返线上，仍留存着用于蒸汽机车加水的水鹤。

图 18-11 1908 年的白寨大桥及其现状（陈培阳 摄）

滇越铁路沿线还存有大量可移动文物如钢枕、机车等，其技术特点鲜明。昆明铁路博物馆保存了7件1900年代法国造钢轨（图18-14），分别是法国N.E-BB厂1903年和1904年造钢轨2件，1904年法国托马斯热福公司（B-Th-JOEUF）制造的钢轨4件（图18-15），米歇尔公司（MICHEVILLE）1904年造钢轨1件。

图 18-12 滴水站站房（陈培阳 摄）

图 18-13 西洱站站台（陈培阳 摄）

图 18-14　仍旧在使用的旧式钢枕

图 18-15　1904 年托马斯热福公司造钢轨（云南铁道博物馆 提供

在滇越铁路开通初期的机车车辆中，保存较为完整且具有技术史价值的是1914年投入运行的“米其林”内燃动车组（图18-16）。该车于1934年由米其林公司为其更换了橡胶车轮，最高行驶速度为100 km/h。铁路车轮通常为钢质，罕有橡胶制品。100 km/h的速度即使在今天也远超滇越铁路的最高限速35 km/h。

滇越铁路的档案文献主要有两类，一是与滇越铁路公司和法国政府相关的文献，二是中国官员所作的总结与记录。在原始文献之中，较为重要的是由主持滇越铁路修建的巴底纽勒公司（Société De Construction Des Batignolles）于1910年全线竣工之际所编著的

图 18-16　现存于云南铁路博物馆的米其林动车组①

图 18-17　1910 年出版的《滇越铁路》一书的封面

① 昆明铁路局. 云南铁路博物馆文物精萃 [M]. 北京：中国铁道出版社，2014：12.

*Le chemin de fer du Yunnan*一书，此书配有中文题名《滇越铁路》(图18–17)。全书分两册，上册详细记述滇越铁路修建的全过程，其中包含铁路修筑前法国对于云南地区的勘测，与清政府所签订的条约，为筑路而组建的滇越铁路公司的基本架构与运行情况，线路的勘测与下部结构的修建，桥梁与隧道的修建，重点控制性工程的建造等。下册则包含大量铁路建筑的图纸，线路纵断面与走向图及其他统计表格等。在云南省档案馆所著的《滇越铁路史料汇编》中，亦有一些关于滇越铁路的记录，包含铁路开通的运营情况和组织方式以及国人关于赎回路权的可能性的讨论等。

三、技术史价值

从技术史角度来看，滇越铁路设施因地制宜的设计，如各种金属桥梁的建造，针对山区线路控制路害的设计等，体现了20世纪初山区铁路修建的典型技术，也是以巴底纽勒建筑公司和铁路桥梁工程师保罗·约瑟夫·波登为代表的法国铁路设计与建造技术经验在中国西南山区得以实践的体现。

滇越铁路沿线的人字桥和碧色寨车站已被列入全国重点文物保护单位，芷村车站和白寨大桥被列入了云南省重点文物保护单位，玉林山七孔桥和小龙潭大桥被列入开远市文物保护单位。但从遗存的技术史价值来看，应有选择性地扩大保护范围。据了解，开远市政府已经开始与昆明铁路局合作实施工业遗产保护的项目，预计在未来将开行开远至蒙自的旅游列车，从而通过开发旅游的方式来维持滇越铁路部分区段的运营。这无疑是积极的信号，期待在未来有更妥善的措施使滇越铁路遗产得以保护。

（陈培阳　方一兵）

張家口車站

京张铁路

一、概　况

京张铁路修筑于1905～1909年，全长约200 km，是第一条完全由中国人自筹建设经费、自行设计施工、独立管理运营的干线铁路（图19-1），由詹天佑（1861—1919）（图19-2）担任总工程司主持设计施工，参与建设的技术骨干还有邝孙谋、陈西林、翟兆林、俞人凤、颜德庆等工程师（图19-3）。这项工程打破了外国公司对清朝铁路建设的垄断，开启了中国人自建铁路的历史。

张家口位于北京西北，北京至张家口之间耸立着崇山峻岭。詹天佑带领工程技术人员经过多次实地勘测，综合考虑工期和资金等诸多限制因素，最终将跨越八达岭的路线选定在关沟。[①]此路段坡度太大，居庸关一带尤甚，天然坡度约二十八九分之一，超出当时铁路线的极限。1907年，在铁路建设期间增开了居庸关隧道以延长路线，使坡度减缓

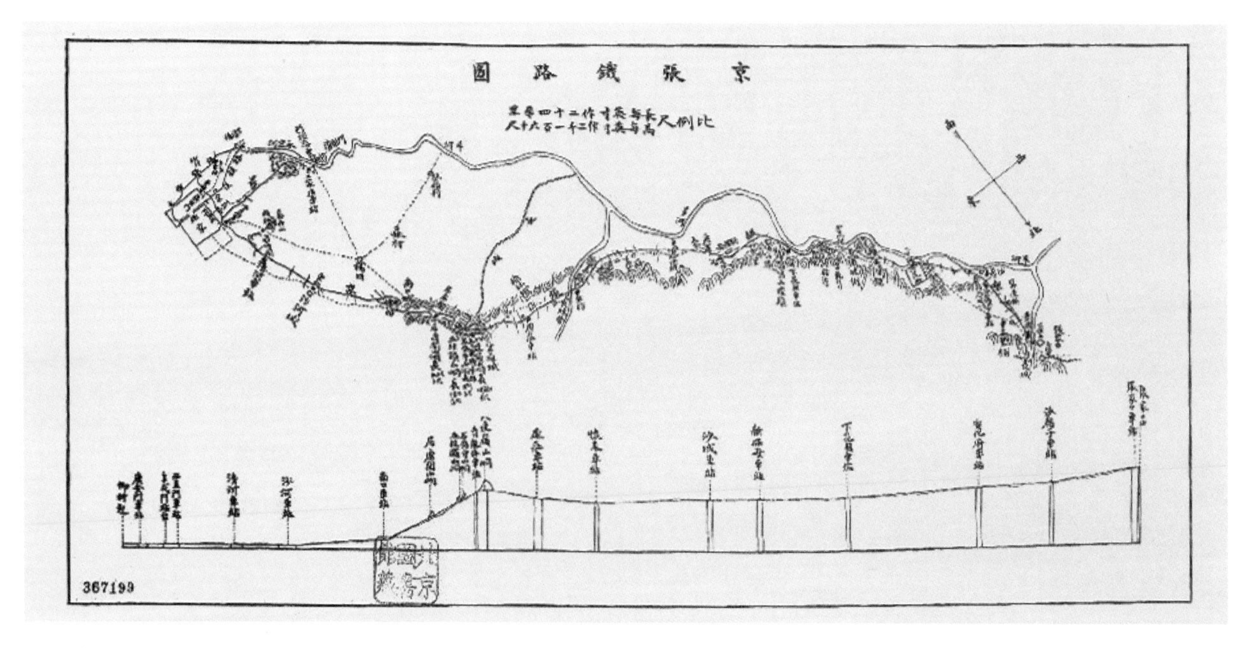

图 19-1　京张铁路线路图

［引自：《京张铁路工程纪略（附图）》］

① 段海龙 . 京张铁路中“人”字形路线探析 [J]. 科学文化评论，2017(5)：107-114.

图 19-2 京张铁路总工程司詹天佑

图 19-3 京张铁路部分技术人员的合影
（前排左起依次为翟兆林、陈西林、詹天佑、颜德庆、俞人凤，引自：《京张路工撮影》）

为三十分之一。

京张铁路关沟段工程最为艰巨，其最高点是八达岭。除了路线平均坡度过大，隧道施工难度也较大。按照起初设计的路线，要在八达岭开凿6 000英尺（约1 830 m）的隧道。由于经费有限，建设者不能购置先进机械设备。若使用传统技术开凿隧道，大约需要3年时间，不能满足整条铁路4年工期的要求。詹天佑出于成本与工期的考虑，在青龙桥站内设计了“人”字形路线

图 19-4 俯瞰长城脚下的京张铁路

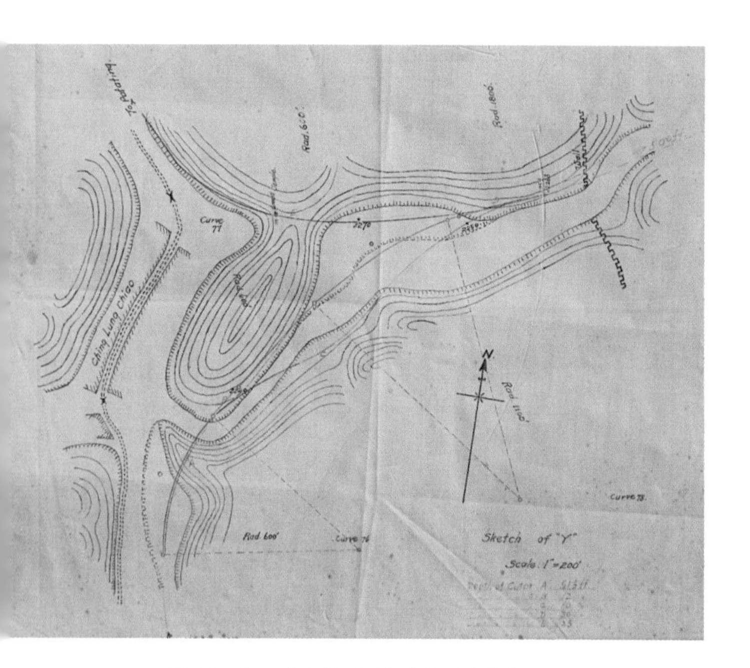

图 19-5 “人”字形路线定测图

图 19-6 1909 年（左，《京张路工撮影》）和 2010 年的“人”字形路（右，段海龙 摄）

（图 19-5），既降低了线路坡度，又使八达岭隧道长度缩短为 3 000 英尺（约 915 m）。“人”字形路线成为京张铁路的代表性设计，其顶点在青龙桥站，列车行至此处转为反向行驶（图 19-6）。

八达岭隧道是中国铁路史上的第一条长隧道。为了开凿隧道，建设者设了两个竖井，将工作面增加为6个，加快了工程进度。竖井开凿，首先在隧道的方向上选择山岭低洼处，向下开挖。到达隧道深度后，用两条铅垂线确定隧道开凿方向。铅垂钱下端挂重物且置于水桶中，避免垂线摆动（图 19-7）。隧道开凿过程中使用了拉克洛炸药。隧道建成后，竖井上端建通风楼（图 19-8），这有助于隧道内外空气流通。

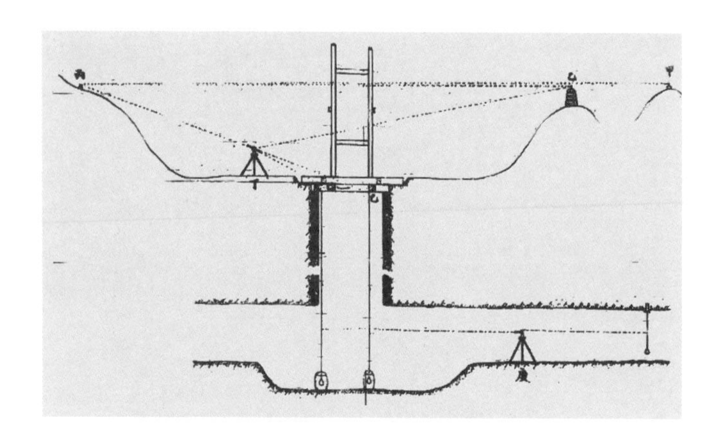

图 19-7 竖井法开凿隧道定测中线示意图
［引自：《京张铁路工程纪略（附图）》］

图 19-8 八达岭隧道通风楼
（引自：《京张路工撮影》）

二、现 状

京张铁路其实是一种历经多次改造的工程综合体的总称。目前，京张全线除广安门至沙河路段因市政工程和京张高铁建设而被拆除，片地至张家口北路段被废弃之外，其他路段仍保留着运输功能。这条铁路的工业遗产可分为主要铁路运营设施、建筑等附属设施和文献，它们体现着铁路工程的演变，突出了不同阶段的技术特征。

京张铁路的主要铁路运营设施，包含桥梁、隧道、涵洞、线路路基、钢轨和信号机等。八达岭隧道完整地体现了提速增效的隧道设计思路，青龙桥车站和“人”字形折返线不仅体现着铁路设计中的坡度与成本等方面的巧妙安排，还是大众心目中的京张铁路的重要代表物。居庸关和东园站的保险道岔和避难线反映了如何将风险降至最小的设计思路（图19-9）。窑顶沟24号桥、四桥子29号桥（图19-10）和石佛寺北斜桥都是京张铁路早期桥梁的代表作，其中四桥子29号桥留存着抗战时期中国军队为阻止日军前进而炸桥的痕迹。石佛寺北斜桥和桂头隧道（图19-11）因1939年路段走向改造而报废，但至今保存完好。

图19-9　东园站的保险道岔和避难线（陈培阳 摄）

图 19-10　1909 年的四桥子 29 号桥（右，《京张路工撮影》）**及其现状**（左，徐丁丁　摄）

其他文物包括留存于东园站和青龙桥站的早期信号机，康庄车站货场和张家口北站仍在使用的各个时期的老钢轨（图 19-12），青龙桥站汇集的京张铁路沿线的苏州码石碑（包含里程碑和坡道牌两类）。中国铁道博物馆收藏京张铁路使用的“自动挂钩”（Janney Coupler）的模型（图 19-13），现为国家一级文物。这种挂钩一度被误传为詹天佑首创。

其中建筑等附属设施，包含车站建筑、车库、水塔及其他附属物。京张铁路中基本保持原状的车站有西直门站（包含站房、天桥和雨棚），清华园、清河、南口、东园、居庸关、三堡、青龙桥、康庄、新保安、宣化府、张家口等车站（图 19-14、图 19-15）。这些车站均建于 1905 ~ 1910 年间，站房结构设计基本一致。

南口镇集中留存着有关京张铁路修建和运营的重要建筑，如南口工程司处（图 19-16）、詹天佑办公旧址、南口机器总管处、南口机车房、南口铁路旅馆等，以及位于康庄镇的康庄车库（图 19-17）、水塔等。

现存重要文献资料有《京张铁路工程纪略（附图）》（詹天佑编，1915 年由中华工程师

图 19-11　1909 年的五桂头隧道（右，《京张路工撮影》）及其现状（左，陈培阳 摄）

图 19-12　康庄车库内的 1907 年钢轨
（含有京张铁路英文缩写铭文　陈培阳 摄）

图 19-13　自动挂钩模型

图 19-14 青龙桥站房
（段海龙 摄）

图 19-15 张家口车站站房
（段海龙 摄）

图 19-16 南口工程司处
（陈培阳 摄）

学会出版)、《京张铁路工程标准图》及《京张路工撮影》。《京张路工撮影》分上、下两册，共183幅照片，拍摄于1909年前后，2013年由天津古籍出版社影印出版。该影集已入选《中国档案文献遗产名录》。此外，还有詹天佑与友人的通信及日记汇编，已由嫡孙詹同济整理翻译出版。部分英文手稿藏于国家图书馆。

图 19-17 **康庄车库**（方一兵 摄）

三、技术史价值

京张铁路是中国铁路史上的一座里程碑，是西方技术向中国移植的早期成功案例。它首次由中国工程师自行设计，实现了线路设计与建设本土化。在引进国外铁路技术的同时，成功兼用了传统技术，如采用树桩法夯实地基，以三合土替代混凝土，用水桶固定铅垂线等。在建设过程中，培养出自己的铁路建设队伍。

图 19-18 **詹天佑铜像**（张柏春 摄）

京张铁路南口至八达岭段于2013年被列为全国重点文物保护单位，青龙桥附近的詹天佑铜像及墓（图19-18）被列为北京市文物保护单位。2018年1月，京张铁路入选中国科学技术协会发布的“中国工业遗产保护名录（第一批）”。除保护已有的遗存之外，我们还有必要对京张铁路进行比较系统的工业考古，选择有价值的遗存加以保护。

（段海龙　陈培阳）

辽宁总站

一、概　况

辽宁总站是指原京奉铁路北端终点的一座大型铁路客运站旧址，位于辽宁省沈阳市和平区总站路100号。车站由中国近代著名建筑设计师杨廷宝（1901—1982）设计，于1927年开工兴建，1930年工程竣工，1931年3月投入使用（图20-1）。此后车站几度易名，日占时期先后更名为“奉天总站”和“北奉天驿”，1946年定名为沈阳北站，一直沿用到1988年6月该站正式停止办理客运业务时为止。1990年12月新沈阳北站投入使用后，辽宁总站彻底告别铁路运输设施的舞台，先后成为沈阳铁路分局、沈阳铁路办事处、沈阳铁路车务段等单位的办公地点（图20-2）。这期间除对建筑内部进行过局部装修改造外，整栋建筑的外貌保持完好。

图 20-1　1936 年的辽宁总站[①]

铁路客运站是近代中国出现的新建筑类型，其中大型或较大型客运站一般是由大跨度结构来构成站房中的使用和等候空间，这一特征使一些铁路车站

① 辽宁总站历史照片．沈阳铁路局档案馆，SJda-zp-36.

图 20-2　改为沈阳车务段办公地点并经外观修复后的辽宁总站（亢宾　摄）

建筑具有较明显的可识别性。辽宁总站是杨廷宝于1927年回国后的第一个设计作品，是民国时期由中国本土建筑师设计的最早的大型客运站之一。杨先生1921年考入美国宾夕法尼亚大学建筑系，获硕士学位后，曾在美国费城的克瑞建筑事务所工作，参加了克利夫兰博物馆的设计。1926～1927年他赴欧洲考察，回国后在天津基泰工程公司担任总建筑师。法国巴黎北站、巴黎图尔站，英国伦敦的君王十字站等对他设计辽宁总站有一定的影响。

二、技术特征

在辽宁总站建成之前，中国已有北京正阳门东站和山东济南站等较大型铁路客运站，但它们均是外国设计师的作品。辽宁总站有自己的特色（表20-1），是中国大型公共建筑设计能力本土化的一个重要标志。

表 20-1　　辽宁总站与北京正阳门车站的比较

序号	差异点	辽宁总站	北京正阳门东站	备注
1	建造年代	1930 年	1906 年	按竣工时间
2	设计者	杨廷宝（中国）	英国建筑设计师（姓名不详）	
3	所属线路	京奉铁路终点站	京奉铁路起点站	北京—沈阳
4	建筑面积	8 485 m^2	3 500 m^2	
5	建筑形式	古典主义吸收折中思想形成的新形式	欧洲古典主义向现代主义形式过渡	
6	建筑风格	具有一定本土化元素	完全欧式元素	
7	平面布局	横三纵五“一字形”对称式布局	拼合多种建筑形式要素不对称布局	
8	立面效果	整体显得均衡	建筑总体不平衡	
9	建筑结构及用材	建筑主体为钢筋混凝土结合砖木结构	原建筑为砖木结构（重建改建部分使用钢筋混凝土结构）	
10	空间要素	旅客大厅采用筒形拱	旅客大厅采用筒形拱	
11	作为铁路车站使用年限	58 年（1930—1988）	53 年（1906—1959）	
12	保护情况	建筑总体保持良好，未做重大改动	建筑原貌改变，内外部进行过改造	

在结构和设计上，辽宁总站体现出一些特点。

首先，空间布局体现出较高设计水平和大型铁路车站的实用价值。在平剖面上，沿着站台设计成“一”字形平面，与站台联系紧密。内部含行包房、大厅、候车室三个大空间，以大厅为主体，面积最大，并用两条纵向的服务型空间将这三个大空间隔开（图 20-3）。行包房和候车室的人流相对较少，采用一般框架结构，中部旅客大厅由于人流密集而采用新颖的半圆拱钢屋架，拱长 30 m，跨度 20 m，拱顶距室内地坪 25 m，拱底用现浇混凝土梁柱支撑，大厅前后均为大面积的玻璃侧窗，与两侧比较厚重的立面形成对比，便于采光，充分表现了内部大空间的特点。①

① 刘怡，黎志涛．中国当代杰出的建筑师 建筑教育家——杨廷宝 [M]. 北京：中国建筑工业出版社，2006.

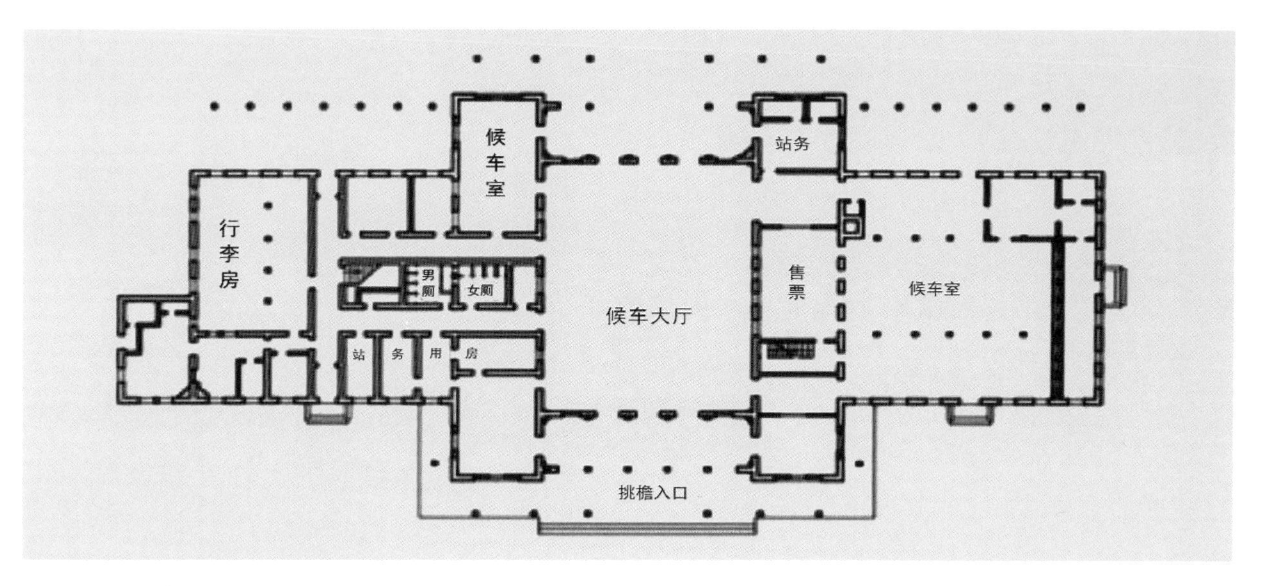

图 20-3　辽宁总站一层平面图
（引自：沈阳铁路局档案馆 SJda-tz-127）

其次，在建筑风格上，为满足业主（东三省交通委员会）对京奉铁路起点北京正阳门东站（即前门火车站）的认同，辽宁总站既借鉴正阳门东站的主要形式，又兼顾当地建造能力，在整体设计上简洁实用，使结构、空间和形式的结合更为合理。[①]杨廷宝最初设想将辽宁总站设计成欧洲现代建筑风格，但业主基本上将方案定型于1906年建成的北京前门站的外形样式。前门站混搭了多种建筑风格，在中央大筒形拱的两端分别做了一个小筒形拱和一个带有穹顶的塔楼而使立面失去平衡，其空间结构和建筑形式间缺乏清晰的逻辑关系（图20-4[②]、图20-5）。杨廷宝对此做了很大调整[③]。

从建筑立面形式上看，辽宁总站沿用前门站突出的筒形拱和大玻璃窗格，仍采用西方古典主义建筑的三段式。与前门站不同的是，整座建筑布局成对称式构图，立面由横竖并置的比例相同的五个矩形组合而成（图20-6[④]）。筒形拱两侧的突出墙体在结构上形成支撑，在形式上突出筒形拱的主导地位。其他方面，辽宁总站的设计更为简洁，比如檐口处理十分简化，仅以水平线脚表示。火车站入口虽然是传统的廊柱，但极其简化，以平顶门廊表达过渡空间，而转角处理上则完全利用钢筋混凝土的承挑特性，不设柱，

---

① 陈泓，苏克勤．院士世家——杨廷宝 杨士莪[M].郑州：河南科学技术出版社，2014：76-77.

② 中国铁道百年画册[M].北京：中国铁道出版社，1991：21.

③ 刘怡，黎志涛．中国当代杰出的建筑师 建筑教育家——杨廷宝．北京：中国建筑工业出版社，2006：81.

④ 刘怡，黎志涛．中国当代杰出的建筑师 建筑教育家——杨廷宝．北京：中国建筑工业出版社，2006：165.

图 20-4 京奉铁路北京正阳门东站历史照片

图 20-5 复原的北京正阳门东站（布局相反）

图 20-6 辽宁总站立面

完全反映出结构特点。[①]

这座车站在建造技术上反映出一定程度的本土化。除整体上简洁实用、不求奢华外，在建造施工时部分建筑材料就近取材，降低成本。站房厚重的墙体保温性好，整体围合严实，适合东北的气候特征。值得一提的是，辽宁总站货场、行李房、餐饮、旅店、广场等设施齐备，并将多数铁路车站采用的港湾式月台改为可通过式站台，在建筑规模和质量等方面超过了当时日本南满铁道株式会社控制的奉天驿（沈阳站），它的建成打破了日本人对沈阳及其周边区域铁路运输的垄断，提振了中国设计师与技术人员的士气。

三、技术史价值

辽宁总站是近代留学归国的本土建筑师最早设计的大型铁路车站之一，体现出了20世纪上半叶中国人设计和建造大型公共建筑的能力。作为京奉铁路（北京—奉天）的终点站和沈海铁路（沈阳—海龙）的始发站，它极大促进了沈阳及周边区域的人流、物流和经贸的发展，成为20世纪30年代中国客流最大的铁路客运站。

辽宁总站于1996年成为沈阳市文物保护单位，2003年成为辽宁省文物保护单位。2013年它被列入全国重点文物保护单位名录，成为第七批国家重点文物保护单位中首个沈阳地区的铁路遗产。

（元　宾）

① 刘怡，黎志涛．中国当代杰出的建筑师 建筑教育家——杨廷宝．北京：中国建筑工业出版社，2006：112-113.

钱塘江大桥

一、概　况

钱塘江大桥位于浙江省杭州市闸口六和塔附近，是一座跨越钱塘江南北的双层铁路、公路两用桥。桥南岸在杭州滨江区与浙赣铁路（杭州—南昌）连接，桥北岸在杭州二龙山东麓与沪杭甬铁路（上海—杭州—宁波）相通（图21–1）。它是连接浙赣铁路与沪杭甬铁路的交通要冲（图21–2）。

图21–1　1937年9月钱塘江大桥建成时全景图①

1905年，清政府批准浙江省自办铁路。随后浙江全省铁路公司（即浙路公司）多次在钱塘江两岸进行桥址勘测，但终未确定建桥地点。1914年，北洋政府交通部将浙江、江苏两省商办铁路收归国有。沪杭甬铁路英籍总工程司建议在杭州闸口西南32 km的富阳县建桥，实地察看后，因水流湍急而未确定桥址。1929年3月，浙江省政府筹

① 中国铁道百年画册编辑委员会．中国铁道百年画册[M]．北京：中国铁道出版社，1991：60.

建杭江铁路（杭州—江山），其萧山至金华段在1932年建成通车。同时期内，浙西公路也逐步发展，人员货物过钱塘江全靠舟楫渡江，建桥的需求日显迫切。1932年，浙江省建设厅提出建桥动议，同年12月，由浙江省水利局在勘选的桥址处进行地质勘探，随后邀请各方代表就架桥、隧道、轮渡等不同过江方案进行研究比较，最后，多数人认为架桥比较经济适用、安全可靠，遂决定采用建桥方案[②]。

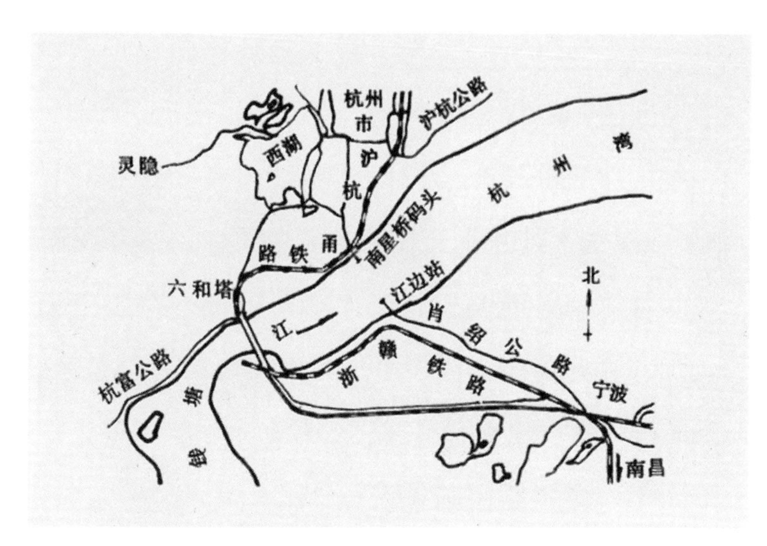

图 21-2　钱塘江大桥桥址地形示意图[①]

1933年3月，浙赣铁路局长杜镇远和浙江公路局长陈体诚电函在北洋大学任教的茅以升（1896—1989），请他主持设计建造钱塘江大桥。在浙江省建设厅长曾养甫的支持下，茅以升邀请他在美国康奈尔大学的同学罗英（1890—1964）一同参加建桥筹备工作[③]。确定建桥后，为争取外国银团出资，浙江省建设厅对外称，已请国民政府铁道部美籍技术顾问华德尔（Waddel）博士进行桥梁设计。随后，浙江省建设厅在1933年7月成立“钱塘江桥工委员会”，并拟定建桥计划书[④]（图21-3）。1934年4月，浙江省政府将“钱塘江桥工委员会”改组为“钱塘江桥工程处”，仍由浙江省建设厅领导，茅以升任桥工处处长，罗英任总工

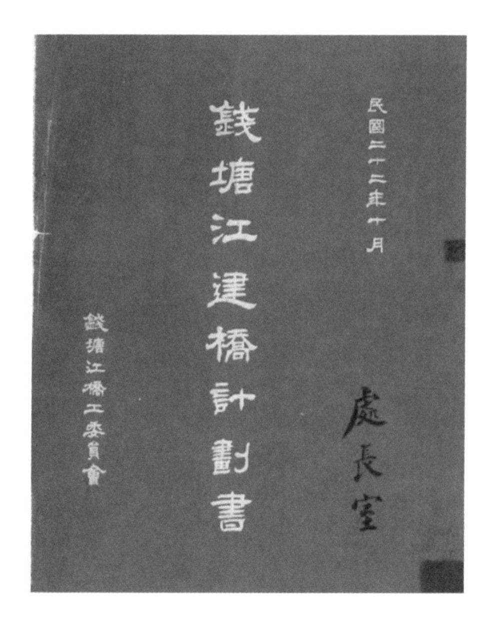
民國二十二年十月

錢塘江建橋計劃書

錢塘江橋工委員會

處長室

图 21-3　1933 年 10 月编制的《钱塘江建桥计划书》
（引自：浙江省档案馆藏文献）

① 中国铁路桥梁史编辑委员会 . 中国铁路桥梁史 [M] . 北京：中国铁道出版社，1987：35.

② 中国铁路桥梁史编辑委员会 . 中国铁路桥梁史 [M]. 北京：中国铁道出版社，1987：34.

③ 铁道部档案史志中心 . 中国铁路历史钩沉（桥梁专家罗英传略）[M]. 北京：红旗出版社，2002：203-207.

④ 1933年10月编制的《钱塘江建桥计划书》是最早的一份钱塘江桥档案，由建桥理由、桥基钻探、钱江水文、运输要求、线路联络等部分组成。

图21-4 罗英（右1）、**茅以升**（右2）、**康益洋行老板康立德**（左2）、**沪杭甬铁路副总工程师怀特·豪斯**（左1）**合影**
（图片来源：钱塘江大桥纪念馆展板）

程师。

钱塘江大桥于1934年11月举行开工仪式，1937年9～10月铁路桥和公路桥先后竣工通车。全桥工程总预算480万元（不含外国材料进口关税），工程费用由国民政府铁道部和浙江省政府平均负担①。建造工程由国内外多家厂商分包。正桥墩台及基础工程由丹麦康艺洋行承包，北岸引桥及全部公路桥面工程由中国东亚工程公司承包，南岸引桥由中国新亨营造厂承包，正桥钢梁由英商道门朗（Dorman Long）公司承包，引桥钢梁由德商西门子（Siemens）洋行承包②。除了茅以升和罗英（图21-4）等人外，梅旸春、李学海等工程师也承担了桥梁设计和建造任务。他们采用多种行之有效的方法，解决了建桥中遇到的许多工程难题。

钱塘江大桥的设计寿命是40～50年，大桥刚建成便立即用于抢运物资和人员，支援了淞沪抗战。1937年12月23日，为阻止日军从杭州经钱塘江桥南下，国民党军队下令炸断大桥。抗战胜利后钱江大桥开始修复，1949年5月初，大桥的铁路运输再次中断。1953年5月大桥得到全面修复后才恢复通车。

二、技术特征

钱塘江大桥自建成以来，大桥的钢梁、桥墩、公路桥路面、铁路桥钢轨等经过多次维修、加固和更换，使桥梁的使用寿命得以延长，截止到2017年，该桥已经超期服役30年。这座大桥已成为一项至今仍然正常发挥作用的工业遗产（图21-5）。

---

① 中国铁路史编辑研究中心．中国铁路大事记[M]．北京：中国铁道出版社，1996：137.

② 中国铁路桥梁史编辑委员会．中国铁路桥梁史[M]．北京：中国铁道出版社，1987：34.

图 21-5　2018 年的钱塘江桥（陈培阳 摄）

钱塘江大桥的技术特征首先体现在桥梁结构和材料上。大桥由上下双层钢桁架梁组成。正桥16孔，桥墩15座，桁梁为含铬合金钢。桥上层为双向两车道公路桥，全长1 453 m，其中正桥长1 072 m，南岸公路引桥长93 m，北岸公路引桥长288 m，引桥拱梁为碳钢。公路桥桥面宽6.1 m，两侧人行道各宽1.52 m，合计9.14 m。桥下层为单线铁路桥，桥长1 322.0 m。桥体由16孔跨度为65.84 m的简支华伦式钢桁梁和两孔14.63 m下承式钢板梁组成。铁路桥宽9.10 m，桥高7.10 m。公路桥设计载荷为H–15级，而铁路桥设计载荷为E–50级①（图21–6、图21–7）。

图 21-6　1937 年铁路桥建成时的桥面
（图片来源：钱塘江大桥纪念馆展板）

图 21-7　1937 年公路桥建成时的桥面
（图片来源：钱塘江大桥纪念馆展板）

① 中国铁路史编辑研究中心 . 中国铁路大事记 [M]. 北京：中国铁道出版社，1996：137.

其次，钱塘塘江大桥设计方案进行了客观比选。最初建桥方案由铁道部技术顾问华德尔博士设计，采用铁路公路并列形式，致使桥面过宽，桥墩过长，桥体较重。由于钱塘江不通大型船舶，桥墩过宽并不必要。1933年8月，“钱塘江桥工委员会”决定重新研究华德尔的方案，并另拟多种方案以比较优劣。为此，罗英等人共设计了多套方案，并广泛征求意见。最后，罗英等人的方案比华德尔的方案减少投资约200万元，选址更为合理，符合国防要求，因此在竞标中胜出，被当局采纳。

最后，钱塘江大桥采用了因地制宜的施工方法。中国工程师对钱塘江的水文、地质和气象等资料进行了全面的调查和分析，进而采用了与当地自然条件相契合的一系列施工方法。一是用“射水法”解决桥墩打桩的问题。在深厚的沉积泥沙层中用水流冲出深坑（射水法），然后打桩，提高了打桩效率，加快了工程进度。二是用“沉箱法”解决桥墩基础稳固问题。施工时把钢筋混凝土做成的沉箱沉入水中，罩在江底，用高压空气排出箱里的水，施工人员在箱里挖沙作业，使沉箱与木桩逐步结为一体。用10 t重铁锚固定沉箱，沉箱上再浇筑桥墩（即沉箱法），解决了沉箱漂移问题。三是用“浮运法”解决架设钢梁的问题（图21-8）。工程人员巧妙地利用潮汐的作用，在钱塘江涨潮时用船将钢梁运至两个桥墩之间，当落潮时钢梁便落在两个墩台之上（即浮运法），省工省时，提高了架梁效率。

图 21-8 用船舶浮运法架设钢梁
（图片来源：浙江省档案馆藏照片资料）

正如茅以升在1936年撰写的《钱塘江桥一年来施工之经过》中所说："本桥施工，以利用大地自然力，为第一要义。所筹工具及设备，皆因地因时，控制辅导此伟大之自然力，供我驱使而已……任何工程，因天时地利关系，仅凭一纸设计，决难实施顺利。若其环境特殊，工作艰巨，则初步实施，更无异于尝试。本桥施工方法……不但在国内为创建，即国外亦鲜比拟。"①

三、技术史价值

钱塘江桥是中国自行设计建造的第一座铁路、公路两用双层桁架梁桥，是中国桥梁史上的一座里程碑。它证明20世纪30年代中国已经具备设计建造现代大型桥梁的能力。设计建造者在建桥过程中因地制宜地选择技术措施，创造了一个成功的工程范例，标志着在詹天佑之后，新一代工程师队伍的成熟。1937年12月的炸桥之举表明中国人不惜牺牲工程杰作的抗战决心。

鉴于钱塘江大桥在中国近现代桥梁建设史上的重要地位，它在2006年5月被国务院列为第六批全国重点文物保护单位，在2016年9月入选首批中国20世纪建筑遗产名录。

（亢　宾）

① 原文最初刊载于1936年12月1日《工程》杂志第十一卷第六期"钱塘江桥专号"。后于1982年又刊载于中国人民政治协商会议全国委员会文史资料研究委员会编《文史资料选辑》（第五十九辑）中茅以升所撰写《钱塘江桥回忆》一文。本段文字引自：《茅以升科技文选》编辑委员会. 茅以升科技文选 [M]. 北京：中国铁道出版社，1995：30.

首钢石景山厂区

一、概　况

首都钢铁公司（以下简称“首钢”）[①]位于北京西郊石景山区，是京津唐地区最大的钢铁企业，具有“采、选、冶、轧”一套完整的冶金生产流程。首钢历史可以追溯到民国时期龙烟铁矿公司，始建于1919年。

1918年初，北洋政府组织官商合办龙关铁矿股份有限公司。随后不久，在张家口宣化县烟筒山发现极具开采价值的铁矿，时任驻日公使的陆宗舆向北洋政府农商部要求将烟筒山铁矿划入龙关铁矿公司。1919年3月，农商部正式批准成立“官商合办龙烟铁矿股份有限公司”（简称“龙烟铁矿公司”），[②]选址北京西郊石景山地区建设石景山炼铁厂，1921年春，炼铁厂向美国购买日生产能力250 t的炼铁炉（图22-1）和其他设备。1919~1928年，龙烟铁矿公司完成烟筒山铁矿开发、将军岭石灰石矿开发和石景山炼铁厂建设三项主要工程。然而，因股金不足，炼铁厂建设工程仅完成80%，无法竣工投产。[③]1928年龙烟铁矿归南京国民政府农矿部管辖，后改隶铁道部管辖。

① 首钢名称变迁简要分以下几个阶段：1919年石景山钢铁厂于北京成立，1958年改称石景山钢铁公司，1966年改名首都钢铁公司，1992年改为首钢总公司，2017年变更为首钢集团有限公司。文中所讲首钢，统一指北京石景山区首钢旧址，不包括现在唐山曹妃甸首钢京唐钢铁公司。

② 黄伯达，黎叔翊．龙烟铁矿厂志[M].南京：中华矿学社，1934.

③ 首钢党委组织部，首钢档案馆，编．首钢足迹：1919—2009（上册）[M].北京：中央文献出版社，2009：8-20.

图 22-1　1921 年建设中的龙烟铁矿股份有限公司石景山炼厂 1 号高炉（首钢供图）

1937年9月，石景山炼铁厂被日本人占领，并先后更名为石景山制铁所和石景山制铁矿业所。其间，日本人修复和强化原有250 t炼铁高炉（1号高炉），并从日本釜石制铁所拆迁旧高炉以建设日产380 t炼铁高炉（2号高炉），同时增建日产20 t生铁的小高炉11座。1945年11月，国民政府正式接管石景山制铁所，并将其改名为“资源会员会石景山钢铁厂”（简称“石钢”）。1949年3月，石钢正式开始复工建设；同年4月和6月分别炼出解放后的第一炉焦炭和第一炉生铁。

1957年底至2010年底的53年是首钢的大发展时期。1958年9月，石钢第一座3吨空气侧吹碱性小转炉投产。1959年底，石钢兴建的3号高炉、3号焦炉和烧结厂三大工程竣工投产。1962年11月建成中国第一座工业生产氧气顶吹试验转炉。1964年12月建成中国第一座30 t氧气顶吹转炉，并成功炼出第一炉钢水。1966年石景山钢铁公司改称“首都钢铁公司”。1970年9月，首钢第一套立弯式连续铸锭机组投产；1975年2月，建成投产第二台连铸机，开始掌握从钢到坯的连铸新工艺。1972年，首钢建成容积为1 200 m^3的4号高炉，至此1号、2号、3号和4号高炉全部建成。

20世纪80年代，首钢石景山主体工业厂区的建设基本完成。这一时期，首钢分别向德、美、英等西方国家输出顶燃式热风炉技术和高炉喷吹煤粉技术，同时引进国外旧设备进行技术改造。1985年1月，首钢与比利时考克里尔公司代表在布鲁塞尔签署购买赛兰钢厂和瓦尔弗尔线材厂的合同，成为改革开放以来国有企业在海外实施的第一例冶金工厂收购案。[①]首钢把这样庞大的钢厂拆解运回中国，并在此基础上建成首钢第二炼钢厂。

进入21世纪，首钢面临国家钢铁工业远景布局调整和兑现2008年北京“绿色奥运”的承诺。2005年，国务院批复《首钢实施搬迁、结构调整和环境治理方案》，首钢涉钢产业开始迁出北京，至2010年12月底北京石景山老厂区钢铁主流程全部停产（图22-2），同时标志着首钢结束在京91年的钢铁生产历史。

图22-2 2010年底首钢停产前的生产场景[②]

① 胡景山．钢铁传奇——百年首钢百年中国钢铁传奇[M]. 北京：中央文献出版社，2014：139.

② 图片来源：http://news.ifeng.com/photo/hdsociety/detail_2011_01/14/4280850_0.shtml.

二、现　状

首钢作为现代化大型钢铁联合企业，拥有“采、选、冶、轧”完整的冶金工艺流程。石景山厂区停产后留下了大量亟待保护和再利用的工业遗存（图22-3），其中具有技术价值的遗产包括炼铁厂、炼钢厂、焦化、烧结等厂区，目前主要留存有炼铁厂和焦化厂，包含大型设施和设备等不可移动工业遗迹和可移动工业遗物。

图 22-3　首钢石景山厂区工业布局及工业遗存（冯书静　整理）[1]

① 此图运用 Macromedia Fireworks 8 和奥维地图浏览器处理相关卫星图所得。

首钢不可移动遗产主要有炼铁厂、焦化厂的设施，包括高炉、转炉、冷却塔、煤气罐、焦炉、料仓等设备。

炼铁厂的主要设备为1号至4号高炉。高炉在运营的过程中经大修和改造，形成今天的格局。老1号高炉历史最长，从1919年开始建设，后经日本人修复并于1942年11月投产。20世纪六七十年代，国际上高炉结构趋向大型化，炉型由瘦长型逐渐演变为矮胖型。1962年，1号高炉进行大修时，改为矮胖型高炉。1994年，首钢1号高炉（图22-4）在老1号高炉基础上进行移地大修和改造，其容积为2 536 m^3。该高炉采用遥控全液压泥炮和开口机、干法除尘、压差发电及反映高炉内部物料分布变化情况的炉顶测温热图像仪等32项技术，其中4项在当时是首次应用于高炉。①2010年12月19日，1号高炉停炉退役。

老2号高炉始于1943年2月。日本人将1929年日本釜石制铁所制造的8号炼铁炉拆迁到石景山，建成日产生铁380 t的2号高炉及附属设备。②1945年8月日本投降时，该高炉被铸死，后经修复，于1951年2月恢复生产。1979年12月，首钢新2号高炉（图22-5）建成投产，其有效容积为1 327 m^3，采用高炉喷吹煤粉、大型顶燃式热风炉、高压操作的无料钟炉顶等技术，并且首次运用可编程序控制上料系统③。这是首钢第一座自主设计制造和国内配套，自主施工安装的现代化高炉④。1983年,2号高炉进行自动化改造，全面实现自动控制。

老3号高炉始建于1944年2月。日本人从日本大谷制铁所拆迁旧设备，建设日产600 t的3号炼铁高炉；1945年8月日本投降时，其建设工程量完成58%。1959年5月，3号高炉建成投产，其容积为963 m^3，设计年产生铁45.8万t。在此基础上，新3号高炉于1993年6月建成投产（图22-6），其容积为2 536 m^3，可以24小时产铁6 000 ~ 6 500 t。截至2010年12月停产时，其共产铁3 548万t⑤。这座长寿高炉是首钢最具有代表性的设施，见证了首钢建设与变化的历史。

① 首钢党委组织部，首钢档案馆，编．首钢足迹：1919—2009（上册）[M]. 北京：中央文献出版社，2009：298.

② 首钢党委组织部，首钢档案馆，编．首钢足迹：1919—2009（上册）[M]. 北京：中央文献出版社，2009：40.

③ 向四化进军中一项敢于创新的范例——首钢新二号高炉投产 [J]. 冶金设备，1980（1）：8-9.

④ 向四化进军中一项敢于创新的范例——首钢新二号高炉投产 [J]. 冶金设备，1980（1）：8-9.

⑤ 高炉一般服役年限为10年，即相当于人类的百岁老人；而3号高炉生产17年零6个月没有进行过大修，已是高炉中的“百岁老人”。

图 22-4　首钢 1 号高炉（潜伟 摄）

图 22-5　首钢 2 号高炉（潜伟 摄）

图 22-6　首钢 3 号高炉内部结构（潜伟 摄）

图 22-7 首钢 4 号高炉（冯书静 摄）

图 22-8 首钢焦化厂（冯书静 摄）

4号高炉于1972年10月建成投产，其容积为1 200 m^3，年产生铁85万t。炉顶安装有放散阀、均压装置，炉前泥炮和热风炉的热风阀安装有液压传动装置。[①]1992年5月，4号高炉（图22-7）完成大修改造并投产，其有效容积增至2 100 m^3。[②]此次大修采用炉体整体推移技术，将高32.9 m、重2 440 t新组装的炉体整体推移39.5 m到位。这项技术属中国首创，填补了该领域的空白，后来被推广应用于其他行业的大型设备或装置的整体安装。

首钢炼钢厂是中国氧气顶吹转炉炼钢设备的诞生地。氧气顶吹转炉炼钢法又称林茨（LD）炼钢法，世界上第一座LD转炉于1952年11月在奥地利建成投产。中国在20世纪50年代末进行氧气顶吹炼钢试验，于1962年在首钢试验厂3 t转炉上进行半工业性试验。1964年底中国第一座30 t氧气顶吹转炉在首钢建成投产。从此，氧气顶吹转炉炼钢改变了国内钢铁工业布局。[③]不过，由于园区改造，首钢的第一、二、三炼钢厂的设施多被拆除。

现存首钢焦化厂（图22-8）新3号焦炉为1994年由首钢自行设计和制造，采用计算机自动控制、拦焦机导焦红外测温、焦测除尘等先进技术，其整体水平位居世界先进行列。[④]

---

① 首钢党委组织部，首钢档案馆，编．首钢足迹：1919—2009（上册）[M]. 北京：中央文献出版社，2009：192.

② 首钢党委组织部，首钢档案馆，编．首钢足迹：1919—2009（上册）[M]. 北京：中央文献出版社，2009：282.

③ 卜禾，李雨膏．我国转炉炼钢自动化的进展[J]. 冶金自动化，1983（1）：1-6.

④ 首钢党委组织部，首钢档案馆，编．首钢足迹：1919—2009（上册）[M]. 北京：中央文献出版社，2009：296.

首钢现存具有技术价值的可移动工业遗产主要存放于两处。一部分存于首钢博物馆筹备办公室库房内，包括首钢机修厂的车床、铣床、牛头刨床等各类机床，首钢前任领导使用过的各类轿车，工人生产工具及生活辅助设备等遗物。另一部分存放于首钢厂区一角的各类运输和装载车（图22-9）。由于库房内的各类遗物比较零散，这里主要介绍专用运输和装载车辆一类的可移动工业遗产。

1990年首钢机械厂制造的260 t鱼雷型混铁车（图22-10），简称“鱼雷罐车”，集25项先进技术于一身。这是中国第一台大型鱼雷罐车，总长24.3 m，宽4.6 m，高4.5 m，重139 t，可装铁水260 t。

铁水车是冶金企业运送铁水到铸铁机前或炼钢厂的特殊运输车辆。现存60 t铁水车（图22-11）制造于1966年7月，自重39.3 t，载重65 t，是首钢厂区仅存的一台铁水车。

此外，首钢还有K18D风动翻卸车、120 t铸锭车、60 t平板改装车（方坯车）、16 m^3渣罐车、16.5 m^3渣锅车、C62A敞车、KF-60型风动翻卸车（翻斗车）、白灰罐车、FG废钢车等可移动工业遗存。

图22-9 首钢厂区一角的各类装运车（冯书静 摄）

图 22-10 首钢 260 t 鱼雷罐型混铁车（潜伟 摄）

图 22-11 65 t 铁水车（冯书静 摄）

三、技术史价值

首钢石景山厂区历经91年，既见证了近代中国民族资本钢铁工业和技术发展的艰难，又反映了新中国钢铁工业的进步与创新。现存高炉等设施是20世纪60年代以来通过本土的科研和技术力量，自力更生设计和建设现代高炉的产物，是中国高炉炉型由近代向现代转变的历史见证物。从中国本土炼铁设备演变历史来看，它们具有突出的技术史价值。

首钢是中国氧气顶吹转炉的诞生地，遗憾的是首钢的炼钢设施已被拆除。建议今后不仅要保护首钢现存的生产设施，而且要重视其技术史价值的挖掘，尤其是通过保护和研究档案文献等可移动遗产，扭转首钢工业遗产核心内容日渐消失的局面。

（冯书静　潜　伟）

太原化学工业公司

一、概　况

太原化学工业公司系新中国第一个五年计划期间筹建的大型化工联合企业。在“一五”时期苏联援建项目中，太原化工区由太原肥料厂、太原化工厂、太原制药厂、太原热电厂组成。当时，太原与兰州、吉林并称为中国三大化工基地。[①]1958～1961年，化工厂、磷肥厂、硫酸厂和焦化厂等单位陆续建成投产。至迟至1958年，在太原化工区的基础上，成立了太原化学工业公司。[②]1965年，太原化学工业公司撤销，各厂独立经营。1982年，恢复太原化学工业公司建制，下属太原化工厂、太原化肥厂、太原磷肥厂等。[③]至1985年，有生产装置45套，化工产品50余种。其中主要产品的年生产能力为：合成氨15万t、硝酸铵28万t、普通过磷酸钙20万t、硫酸20万t、烧碱4.5万t、纯碱3万t、甲醇2.5万t、苯酚8 000 t、聚氯乙烯1万t、己内酰胺5 000 t。

合成氨是太原化肥厂的核心产品。1949年前，全国仅在南京、大连有两家合成氨厂。上海有一个以水电解法制氢为原料的小型合成氨车间，年生产氨4.6万t。太原化工厂由苏联设计和提供成套设备，于1961年投产，其生产装置包括合成氨生产线和硝酸铵生产线，年产5万t合成氨和9万t硝酸铵，代表了当时合成氨生产的先进水平。以年产9万t硝酸铵计算，太原化工厂在其停产搬迁前的50年间共生产了450万t的化肥，为农业生产作出了重要贡献。

随着新的氨合成工艺的诞生，太原化肥厂原有的生产工艺和设备已然落后。至20世

① 《当代中国》丛书编辑部．当代中国的化学工业 [M]. 北京：中国社会科学出版社，1986：14.

② 刘永昌．前进中的山西化学工业 [J]. 山西化工，1959（4）：2.

③ 太原化学工业公司办公室．太原化学工业公司恢复 [J]. 现代化工，1982（4）：44.

纪80年代，其三分之一的硫酸仍然是苏联20世纪30年代初的BX3-机械焙烧炉生产的，二分之一的烧碱是用苏联20世纪40年BTK-13型电解槽生产的。溶剂、油漆、氯酸钾还是以农副产品为原料，规模小，成本高，以致其难以和石油化工技术企业竞争。焦化厂一直采用20世纪40年代的回收工艺，机械化和自动化水平很低，而且工人劳动条件差，污染也十分严重。

太原化学工业公司于2011年启动合成氨停产搬迁和清徐化工新材料园区建设工作。为有效保护太原化学工业的历史遗产，太原市政府和太原化学工业公司决定永久保留部分具有代表性的煤化工装置，依托合成氨旧厂区发展文化创意产业和工业博物馆，建设"太化"工业遗址公园，挖掘工业遗产的文化价值。目前，太原化工厂处于停产状态，其厂房和成套设备被保留。有关工业遗产保护规划已经编制完成，部分建设项目已经启动。

二、现　状

太原化学工业公司合成氨分公司现存的工业遗产有铜洗车间（图23-1）、冷冻车间（图23-2）、造粒塔（图23-3）、合成车间（图23-4）和管道（图23-5）等设施，所在区

图23-1　铜洗车间外观（王佩琼　摄）

图23-2　冷冻车间外观（王佩琼　摄）

图 23-3 造粒塔（王佩琼 摄）

域工业遗存最为集中，整体格局保存较为完整，工业风貌特征也非常明显，是“太化”工业遗产的精华所在，属于“核心保护区”。铜洗是合成氨流程中铜液[醋酸二氨合铜（I）、氨水]吸收在生产过程中产生的一氧化碳（CO）和二氧化碳（CO_2）等气体的工艺。氨合成是合成氨流程中氨产品的形成工序。目前，铜洗车间的铜洗塔等装置、合成氨车间的合成塔等装置及冷冻车间的冰机等装置均完整保留。氨合成塔内筒结构设计十分巧妙，避免了塔壁既受高温又受高压的操作条件，在此类技术的历史上占有一席之地。厂

图 23-4 合成车间（王佩琼 摄）

图 23-5 车间之间的管道（王佩琼 摄）

区内一座形似望远镜的建筑引人注目，它就是硝氨产品造粒生成工序的装置。这座“造粒塔”建于1958年，代表了苏联建筑风格，目前是国内仅存的一座。工厂其他辅助车间的各类装置保存也较为完整。

三、技术史价值

太原化工厂工业遗产代表着化工原料和化肥生产的技术路线，见证了化学工业为农业发展所作出的重要贡献。它作为“一五”时期苏联援建的重点建设工程之一，也见证了中苏友好和苏联技术向中国转移的历史。

合成氨和化肥生产工艺在化工技术中占有极其重要的地位，是无机化工技术的核心内容。技术整体性和唯一性构成了太原化工厂工业遗产的独特价值。太原化工厂引进的苏联合成氨生产线虽已停产，但其装置得以完整保存。5万t合成氨生产工艺装置和苏式造粒塔都是全国同类装置中的唯一遗存。

化肥的持续使用导致了危害环境和人类健康的严重问题。于是，人们不断研发新的设备和工艺。我国从20世纪70年代开始就从美国、日本、法国等国引进新型合成氨工艺和设备，或自主设计新装置等，以逐渐淘汰旧的、规模小的、相对落后的生产设备和技术。从技术演化视角来看，太原化工厂工业遗产见证了一种工业技术由兴到衰、技术异化的历史过程。

自2011年晋阳湖改造工程启动以来，作为该工程重要组成部分的太原化工厂工业遗产保护工程愈发步履维艰。因整体保护需要大量资金，而这些资金能否回收还存在很大的不确定性。虽然当地政府与企业都了解保护工业遗产的文化价值和社会意义，但在经济效益的不确定性面前犹疑徘徊。太原化工厂工业遗产的保护前景仍有待观察。

（王佩琼）

第一拖拉机制造厂

一、概　况

第一拖拉机制造厂（以下简称“一拖”）是苏联援建的“156项工程”之一，是中国创办最早、规模最大的拖拉机制造厂，被誉为中国农机工业的“长子”。工厂位于河南省洛阳市涧西区，占地645.1万m^2，建筑面积180.77万m^2[①]，素有“拖拉机城”之称。该厂于1953年开始筹备，1955年动工兴建，1959年基本完成建设并投入生产（图24-1）[②]。1997年，一拖更名为“中国一拖集团有限公司”，隶属于中国机械工业集团有限公司。

1950年代的一拖主要由苏联方面负责规划并提供重要机器设备（图24-2）[③]。工厂全部工艺初步设计和技术设计由苏联国家汽车拖拉机设计院承担；苏联哈尔科夫拖拉机厂

① 其中生产建筑面积86.37万m^2，生活福利和文化设施建筑面积94.4万m^2。

② 第一拖拉机制造厂厂志总编辑室．一拖厂志（1953—1984）第一卷，上册[M]．洛阳：第一拖拉机制造厂，1985.

③ 中苏两国政府于1953年11月27日签订的102306号合同。

图24-1　一拖竣工后的场景
（图片来源：《一拖厂志》）

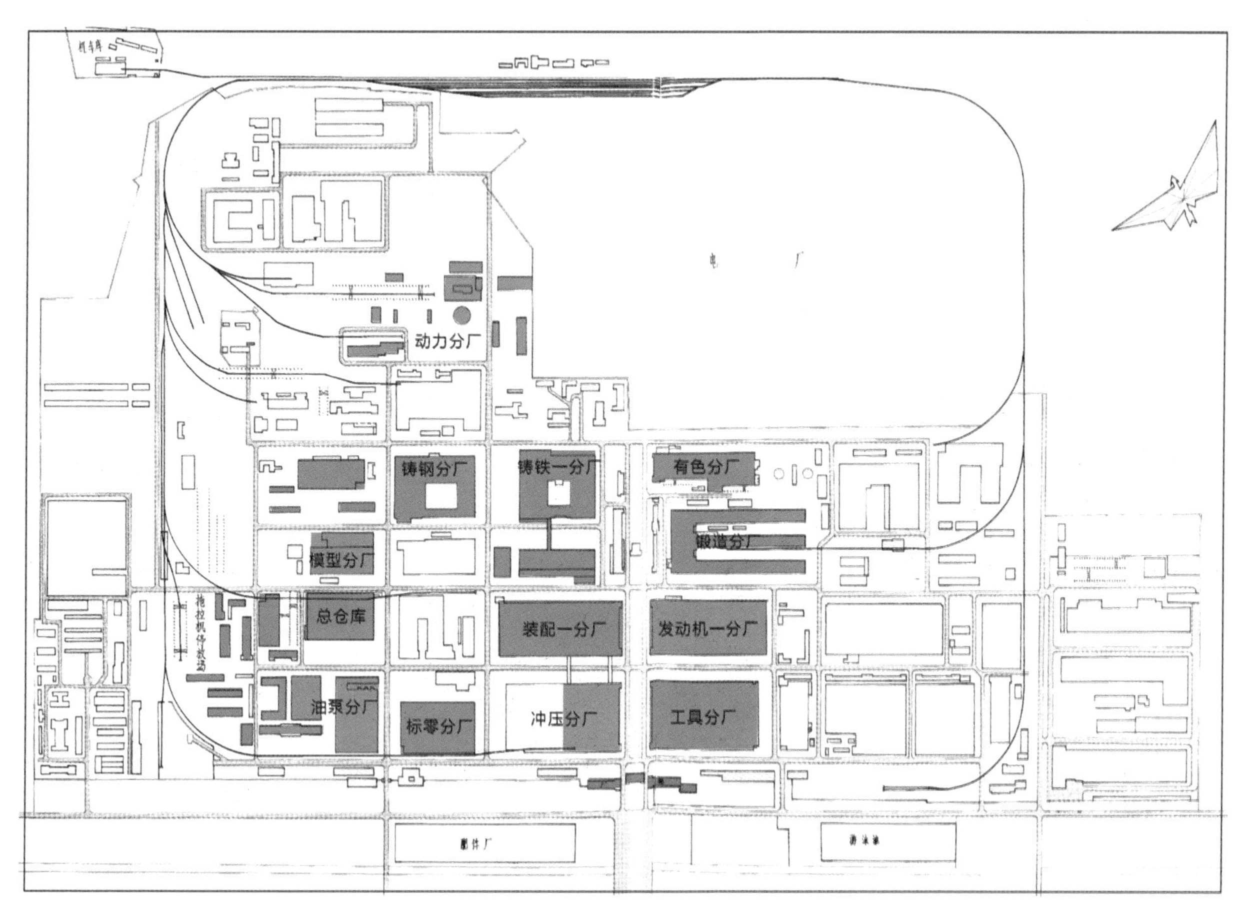

图 24-2　一拖一期工程规划示意图
（图片来源：《一拖厂志》）

负责全部工艺的施工设计，并提供德特-54型拖拉机[①]图纸；工厂各车间建筑扩大初步设计及部分核心厂房建筑施工设计由苏联哈尔科夫农业机械设计院负责；其余项目设计由国内15个单位承担。苏联方面提供了大批设计图纸、技术资料和机器设备，先后派出40名专家来厂进行指导，促成了一次成功的技术转移。

1959年10月，一拖建成完整的生产体系，主要包括11个基本生产车间和3个协助生产车间。全厂共有流水生产线92条，各类机器设备9 691台，其中从国外进口机器设备1 599台。当时的厂房都以钢筋混凝土结构为主，主要构件采用预应力构件。改革开放时期新建厂房并不多，主要是将部分老厂房进行改造，以适应新产品的生产。

1958年7月20日，一拖装配出新中国第一台拖拉机——东方红-54型履带拖拉机（图24-3）。随后进行产品改造，1959年即试制成功东方红-75型履带拖拉机。到20世纪70年代，东方红拖拉机承担了中国60%以上的机耕作业。改革开放以来，一拖从单一的

① 德特-54履带拖拉机为中国一拖东方红-54履带拖拉机的原型。

图 24-3　一拖农耕博物馆展出的东方红 -54 型履带拖拉机（王民 摄）

履带拖拉机逐步向着多种产品方向发展，新产品包括轮式拖拉机、收割机、压路机、挖掘机、装载机和载重汽车等。一拖在农业和工业发展中的影响不断扩大，已经累计生产拖拉机和其他机器装备近400万台。目前，一拖的大中小型拖拉机的市场占有率和保有量均列全国首位。

二、现　状

一拖厂区格局保存良好，苏联援建时期建设的厂房大部分还在使用中（图24-4）。厂区主体建筑雄伟庄重，和谐统一，立面构图对称。建筑立面以红色为基调，饰面以红砖为主，色彩协调，细部装饰丰富。“苏式建筑”兼收了中国传统建筑元素，是中国工业历史上重要的遗存。另外，一拖还沿用或留存着不少建厂时装用的苏制机器设备以及上海、昆明、沈阳、大连、武汉、齐齐哈尔、无锡等地企业为一拖制造的机器设备。仅从数量来看，这些机器设备足够装备一个大车间。

厂前广场，即东方红广场，位于一拖厂区正前方，保持着建厂初期的风貌（图24-5）。广场以9 m高的毛泽东主席站立式塑像为中心，呈清晰的对称布局，气势恢宏，时代特征鲜明。前广场作为厂区主轴线的起点，与厂区主干道相连，形成中央景观廊道，这是继承了苏式的轴线格局，可谓工业建设技术转移的典型案例[①]。

---

① 韦拉，刘伯英．从“一汽”“一拖”看从美国向苏联再向中国的工业技术转移[J]. 工业建筑，2018，48(08)：23-31.

图24-4　一拖厂区鸟瞰
（图片来源：《一拖厂志》）

图 24-5　一拖厂前广场实景
（图片来源：网络）

厂区大门和厂部楼建于1956年（图24-6），为多层砖混构，与厂前广场构成工厂前区。大门两侧对称分布着厂部东楼和厂部西楼，通过过街楼与大门相连接。正门檐上正中饰有党徽、镰刀、五星、旗帜、履带等元素，组成了体现社会主义工业文化的雕刻装饰。两侧办公楼为木屋架四面坡“斗篷式”顶。后来，对中街楼进行维修加固，对东西办公楼进行了原样重建，并保持了苏式建筑的风格，入口设柱廊、檐口，柱头、脚线丰富，细节装饰精致。

冲压车间1956年动工兴建，1959年竣工投产。该车间在1960年扩建了西侧，1970年

图 24-6　厂大门与办公大楼外景组图（白雪　摄）

更名为冲压分厂。厂房同为苏式建筑风格（图24-7），呈中轴对称、平面规矩，柱网分布均匀，内部空间开敞，整体采用侧窗、高侧窗、屋顶矩形天窗采光。厂房东侧为砖混结构的办公楼，与工具车间西侧立面一致，沿厂内的主轴线对称分布，风格统一。冲压车间原生产履带式拖拉机的冲压件。

图 24-7 一拖冲压车间外景（韦拉 摄）

发动机车间与冲压车间建于同一时期，建筑立面相近，风格统一（图24-8）。1984年更名为发动机一分厂。厂房宏大，为单层多跨厂房，内部空间功能布局清晰，操作流线明确，采用12*12 m、12*18 m标准化的柱网体系，设置为生产区、辅助用房和办公区。西侧为砖混结构的办公楼，建筑细部装饰丰富，外有装饰线脚，浮雕、檐口均有体现。发动机车间原生产54型履带拖拉机的发动机零部件247种，1958年7月制造出第一台AE-54型柴油机，作为履带拖拉机的发动机。

图 24-8 一拖发动机车间外景（韦拉 摄）

工具车间1955年动工兴建，1959年竣工并投入生产，1978年更名为工具处。厂房结构为单层钢筋混凝土结构，采用预制钢筋混凝土柱、梁、檩条、小型密肋屋面板[①]，以及梯形钢屋架、钢结构U型天窗架的采光通风体系。苏联援建的装配车间、冲压车间、发动机车间等也基本采用相同的结构设计[②]。厂房西侧为砖混结构的苏式办公楼，构图对称，中部为突出的二层挑高门廊（图24-9）。在生产初期，工具车间生产54型履带式拖拉机

① 《洛阳建筑志》编纂委员会，编纂. 洛阳建筑志 [M]. 郑州中州古籍出版社，2004.

② 白雪. 第一拖拉机制造厂建设历史研究 [D]. 广州：华南理工大学，2016.

图 24-9 一拖工具车间厂房外景（韦拉 摄）

图 24-10 苏制磨床（宁培俊 摄）

图 24-11 磨刀间（宁培俊 摄）

图 24-12 一拖装配车间外景（韦拉 摄）

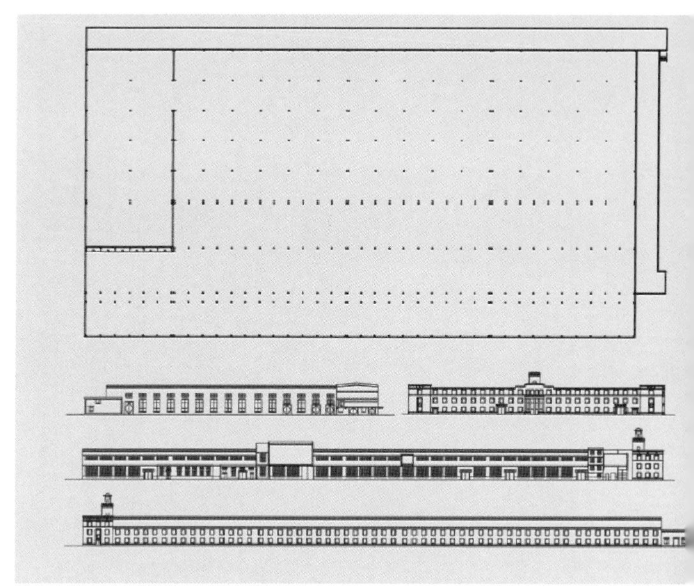

图 24-13 装配车间平面和立面示意图
（引自：《洛阳50年代工业遗产适宜性再利用改造设计探索》）

的非标准工艺装备共2.31万种。工具车间内装用着20世纪50年代生产的苏制和国产机器设备，如1956年苏制机床（图24-10）。这个车间还包括一个以老机器设备装备的磨刀间（图24-11）。

装配车间最初为底盘装配车间，于1956年动工兴建，1984年更名为装配一分厂。该车间建筑巨大（图24-12），其主体为9跨联布，结构北侧和南侧采用高低跨布局，分别采用6*6 m、6*12 m、12*12 m柱网（图24-13）。内部南侧为履带式拖拉机总装生产线旧址（图24-14）。除部分吊车线和设备因生产工艺而改变，其余结构均为建厂初期原物①。东侧砖混结构办公楼屋顶中央有苏式的装饰性塔楼。这个车间既装配履带式拖拉机的整机装配，又加工部分零部件。从1958年7月开始，大量履带拖拉机从这里下线（图24-15）。迄今，车间还存留着不少苏制机床（图24-16、图24-17）。

---

① 孙跃杰，徐苏斌，张轶轮，魏欣.洛阳50年代工业遗产适宜性再利用改造设计探索[J].工业建筑，2016，46(01)：62-65，79.

图 24-14　履带拖拉机装配下线之处（张柏春 摄）

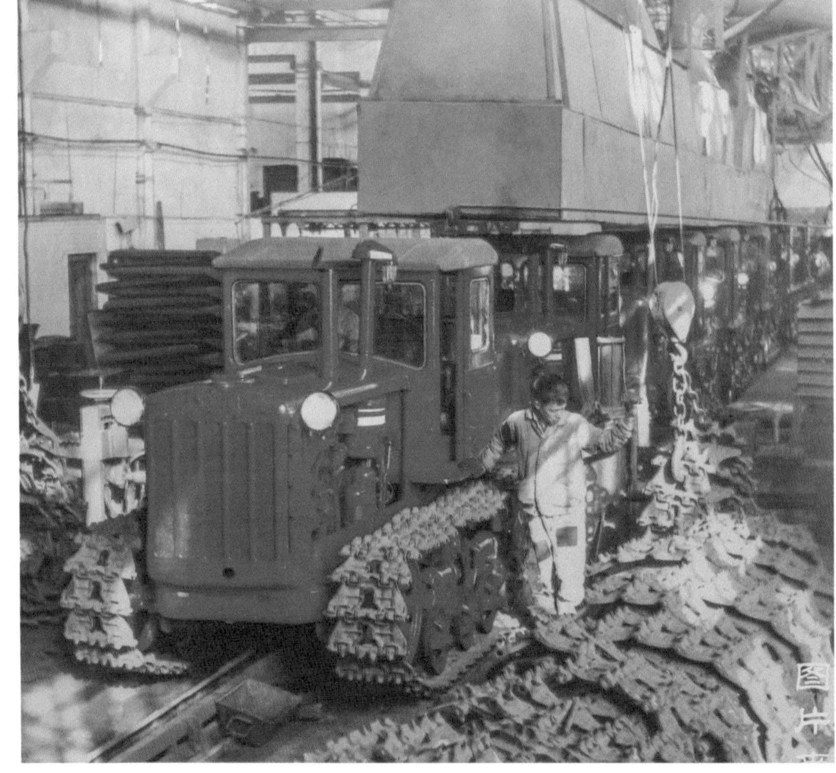

图 24-15　即将下线的履带拖拉机（图片来源：《一拖厂志》）

图 24-16　苏联 1958 年制造的钻镗组合机床（王民 摄）

图 24-17　苏联 1959 年制造的双面铣床（王民 摄）

图 24-18a 一拖住宅区
（图片来源：中央电视台中文国际频道《记住乡愁》栏目）

图 24-18b 一拖住宅区
（图片来源：中央电视台中文国际频道《记住乡愁》栏目）

图 24-19 东方红农耕博物馆外景（王永平 摄）

图 24-20 东方红农耕博物馆展出的产品（刘月在 摄）

图 24-21　一拖齿轮厂继续使用的苏联 1958 年制造的锥齿轮铣齿机（张柏春 摄）

三、技术史价值

第一拖拉机制造厂制造了中国第一台拖拉机，并成为国内最大的拖拉机制造商。它见证了中国农业机械化的开端和国家工业化60多年的历程，在技术史与工业史上占有独特的地位。苏联援建的一拖与矿山机械厂、轴承厂等大企业构成了洛阳的核心工业厂区和住宅区（图24–18）。20世纪50年代形成的涧西苏式建筑群成为洛阳的特色建筑景观，是工业建筑史上的一个里程碑。

一拖的历史文化价值得到了中央政府和地方政府的肯定。2000年，被洛阳市列入旅游景区规划，2004年列入中国首批“全国工业旅游示范点”。一拖的厂前广场、厂区大门和办公楼在2011年入选第七批全国重点文物保护单位。2018年，一拖被工业和信息化部列入国家工业遗产名单（第二批），其核心物项包括办公大楼、厂前广场、厂区大门、发动机车间、冲压车间、工具车间和装配车间。

一拖非常重视自己的创业成就，在2010年动工兴建东方红农耕博物馆（图24–19）。此馆汇集了国产第一代履带拖拉机、中国第一代水旱两用轮式拖拉机、中国第一代小型轮式拖拉机、中国第一代大功率轮式拖拉机等众多有历史价值的农业机械（图24–20），展示了现代农耕机械的发展历程。

其实，一拖留下的20世纪50年代机器设备及相关的工艺和建筑布局代表着中国五六十年代，乃至70年代的工业化与技术发展的水平。机床等机器设备反映了20世纪中叶的苏联装备制造技术能力和中国生产配套机器产品的能力。留用至今的机床还展现出当时工业产品的高质量（图24–21）。颇为遗憾的是，这些重要遗产并未明确列入全国重点文物保护单位和国家工业遗产名单的主要物项。

在此，我们吁请政府和企业及时采用有效措施，合理使用和保护一拖在20世纪50年代装用的机器设备。例如，将一个50年代建的大车间选做博物馆，收藏和展示机器设备等文物。

（韦　拉　张柏春）

武汉长江大桥

一、概　况

武汉长江大桥是苏联援华的“156项工程”之一（图25-1）。1949年9月，中国人民政治协商会议第一届全体会议通过建造长江大桥的议案。1950年1月，铁道部成立铁道桥梁委员会，同年3月成立武汉长江大桥测量钻探队和设计组，由茅以升任专家组组长，开

始进行大桥桥址的初步勘探调查。[①]1953年3月，大桥设计初步完成。同年7月，大桥局局长彭敏率团携带设计图纸、资料赴莫斯科，请苏联运输工程部帮助鉴定。苏联政府指定25位桥梁专家组成鉴定委员会，该委员会最后通过了中方的方案。[②]1954年7月，以康士坦丁·谢尔盖耶维奇·西林（Константин Сергеевич Силин）为首的苏联桥梁专家组分批抵达武汉。随着苏联专家的到来，大桥的技术设计工作有了明显进展，梁式结构基本定下来。在充分讨论钻探资料后，苏联专家组建议选择5号桥址方案，确定了桥址线的选择问题。其他关于引桥结构、联络线跨越桥设计也先后确立。武汉长江大桥于1955年9月1日开始施工，1957年10月15日正式通车，实现了"一桥飞架南北，天堑变通途"。[③]

武汉长江大桥是一项极为复杂的系统工程（图25-2），包括正桥、引桥、汉水铁路

① 武汉地方志编纂委员会，主编．武汉市志：交通邮电志[M]．武汉：武汉大学出版社，1996：252.

② 滕久昕．苏联专家与武汉长江大桥的修建[J]．百年潮，2011(6)：57.

③ 滕久昕．父亲滕代远参与领导武汉长江大桥修建始末[J]．世纪行，2010(9).

图25-1 武汉长江大桥全景（白璐 摄）

桥、汉水公路桥、武汉三镇城区的10座跨线桥、铁路联络线、公路联络线以及汉阳火车站。大桥主体工程由正桥、引桥和桥台组成，全长1 670.4 m。正桥长1 155.5 m，8墩9孔。每孔跨度为128 m，有8个节间。汉阳岸引桥长303.45 m，共17孔，铁路和公路共用5孔，其余12孔为公路独用。武昌岸引桥长211.45 m，共12孔，其中3孔为铁路和公路共用，剩余仅供公路使用。①大桥全部工程所使用的混凝土和钢筋混凝土圬工量为126 300 m^3，石砌圬工25 440 m^3，安装钢梁24 805 t。②

60多年来，武汉长江大桥经历了近80次撞击，但依然保持良好的稳定性（图25-3）。多次检测表明，"全桥无变位下沉，无弯曲变形，铆钉无松动，桥墩可承受6万吨压力，可抵御每秒10万 m^3 流量、5 m流速的洪水，可抗8级以下地震和强力冲撞"③。这座大桥在2002年8月进行第一次大规模检修，2012年10月进行第二次检修。

二、技术特征

武汉长江大桥是中国建桥史上规模空前的工程，建设者们克服了施工技术、材料供应和设备等方面的诸多困难。大桥的设计和施工具有如下技术特征。

武汉长江大桥的深水基础施工以管柱钻孔法取代气压沉箱法。长江流域武汉段水深流急，地质情况复杂。汉阳岸河槽平坦，而武昌岸河槽坡陡，江岸降低高差达20～22 m。江底石层最深处在高水位下45 m，沙土覆盖层最厚可达27 m。因覆盖层为不稳定的细沙，致使河槽中部的变化深度达10 m。依照最初设计，武汉长江大桥的正桥桥墩拟用气压沉箱法施工，沉箱深入岩层的深度2 m，沉箱下沉深度在施工水位以下37～40 m。沉箱内的土石方工程量为21 700 m^3。④气压沉箱法是20世纪50年代初运用最广、技术最成熟的深水基础施工方法。然而，根据地质勘探结果，若在武汉段使用气压沉箱法，基础施工则会遇到很多困难，并且花费巨大。于是，苏联专家组组长西林提议放弃气压沉箱法，采用管柱钻孔法。管柱钻孔法就是采用大型钢筋混凝土空心管柱，使其下沉至江底基本岩

① 武汉大桥工程局，编．武汉长江大桥[M]．武汉：长江文艺出版社，1957(10)：6.

② 彭敏．武汉长江大桥[M]．北京：人民铁道出版社，1958(10)：45-46.

③ 许远，黄李涛．武汉长江大桥解读[J]．华中建筑，2010(11).

④ 武汉大桥工程局，编．武汉长江大桥：工程建设[M]．北京：人民铁道出版社，1957：15.

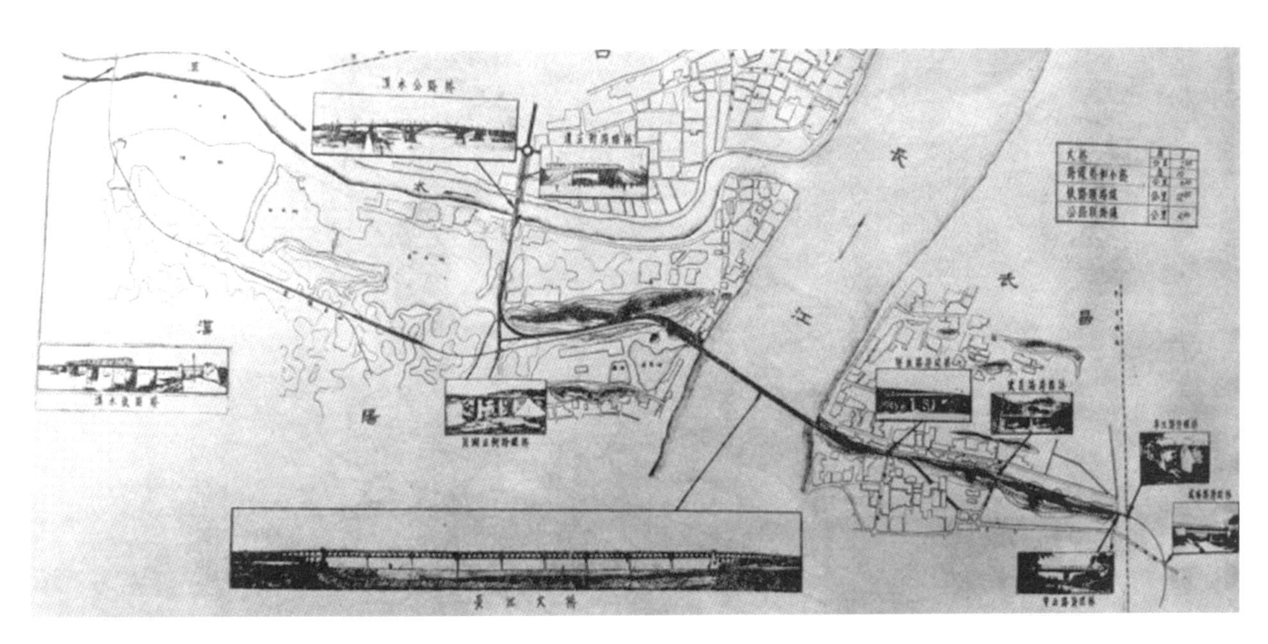

图 25-2 武汉长江大桥总平面图
（图片来源：茅以升《武汉长江大桥》）

图 25-3 武汉长江大桥一角

层，在岩石上钻孔放置钢筋骨架；将管柱内的泥沙掏净，再用钢筋混凝土填实，使其与江底岩盘牢固结合，最后在上面筑墩架桥。这项技术可以将水下作业移至水上进行机械化操作，大大提高了工作效率，降低了工程造价。

武汉长江大桥建造过程还改良了水上浮吊技术。为确保承台、墩身和顶帽的浇筑顺利进行，施工时要求周边建有一道牢固的防水围堰。大桥工程局最初选择下部采用钢筋混凝土装配式围堰，上部接以钢板桩或拼装式钢木混合型防水板。然而，若采用这个方案，即使在枯水期施工，钢板桩最短也不得少于30 m。要插打超过30 m的钢板桩，水上浮吊设备的吊钩高度至少要超出水面48 m，这是当时大桥工程局做不到的。大桥工程局选择的办法是改造已有设备：将两艘400 t方头铁驳用万能杆件连接成一艘双体船，在离铁驳甲板约18 m处，用万能杆件拼成一个构架，并将苏联制造的ДK–35吊机固定在该构架上。另外，用压舱石填充铁驳隔舱，使吊机在旋转时不易晃动。这种方法不仅解决了浇筑墩身顶帽的问题，还在架设墩顶钢梁支架方面发挥了极大作用。①

武汉长江大桥在钢梁架设方面采用平衡全悬臂法。武汉长江大桥是双层双轨铁路公路两用桥，其钢梁为三联等跨连续梁，梁高16 m。每联3孔，每孔结构均为“菱形双斜杆桁式”，构成桁架的杆件都是H形截面。这种结构能增强负重能力，制造和安装相对简便，也便于养护维修。

钢梁的架设没有选择常规的拖拉或者浮运法，而是采用当时较新的平衡全悬臂法，即先组拼一段平衡梁做锚固，然后逐节向江心悬出，以桥墩为支点向前推进。两岸同时施工，最后合龙。这种架设方法可以显著节约人力物力，缩短工期，但对拼装铆合精确度的要求与钢梁结构的稳定性要求极高。悬臂长128 m，当悬臂伸出超过96 m时，锚固端的杆件内应力和悬臂的下挠度都会增加，杆件难以支撑。工程局通过两种办法来解决此问题。一是利用前方桥墩，在墩身近侧架设一个与桥身方向相同的16 m长的三角形钢托架，作为过渡支点。该托架由斜撑、水平拉杆和横向锚梁构成，可拆卸重复使用。②二是在尽可能少增加钢料耗费的情况下，加强主桁截面。

① 刘曾达. 我参加了武汉长江大桥的建设[M]. 武汉文史资料（武汉市政协文史学习委员会），2005(6).

② 刘曾达. 我参加了武汉长江大桥的建设[M]. 武汉文史资料（武汉市政协文史学习委员会），2005(6).

三、技术史价值

图 25-4　武汉长江大桥桥台与观景台（白璐 摄）

武汉长江大桥是第一座横跨长江的公路铁路两用钢铁桥（图25-4）。它连通了京汉铁路与粤汉铁路，形成真正意义上的京广铁路线，促进了国家南北经济的发展，具有重要的技术史和经济史价值。

武汉长江大桥是20世纪50年代苏联对华技术援助的见证。以西林为组长的25名苏联专家在技术上给予了指导和帮助。西林以管柱钻孔法取代传统的气压沉箱法，解决了桥梁基础施工难题。装配式管柱基础及其施工方法代表了当时的创新成就。苏联专家一开始就表示“一切需要共同研究，相互探讨最合理的办法”，营造了技术民主的氛围。通过技术的引进、消化、改良和创新，这项工程培养和锻炼出中国的桥梁设计和施工的技术力量。

2013年5月3日，国务院印发《关于核定并公布第七批全国重点文物保护单位的通知》，将武汉长江大桥列入“近现代重要史迹及代表性建筑”，它也成为武汉市目前最年轻的“国保文物”。

（白　璐　韦丹芳）

新安江水电站

一、概 况

新安江水电站坐落在离新安江城西4 km的铜官峡谷之间。国民政府资源委员会曾陆续组织水力勘测队伍，对新安江流域进行了综合性的社会调查、地形地质踏勘和水文资料采集，提出在新安江建一个8万kW水力发电站的建议。

政府组织专家组从1952年起对新安江水力资源进行调查和论证。1954年国家建设委员会确定建设新安江水电站。1955年10月，电力工业部成立新安江水电站坝址选择委员会，选定建德县原铜官峡谷为坝址。上海水力发电勘测设计院在苏联专家的指导帮助下完成初步设计方案，坝型为混凝土重力坝，厂房为坝后厂顶溢流式，最大坝高105 m。1956年6月，国务院正式批准建设新安江水电站，并将之列入第一个五年计划[①]。1957年底我国设计人员将水电站的坝型设计改为宽缝重力坝。

1960年苏联专家撤走，此后，中国工程技术人员将自制设备和引进设备相结合，通过机械化施工，完成了右岸机坑开挖、输水钢管安装等工程，提前完成工程建设。这座水电站的7.25万kW水轮发电机组由苏联援建的哈尔滨电机厂制造，水泥主要来自南京江南水泥厂。电站在1960年建成发电，1965年9月开始运用全国电力系统的第一套电气制

① 国务院同意新安江水电站提前开始建设．国务院计周67号，1956年6月廿．新安江水力发电厂档案．

动装置，1977年10月共有9台水轮发电机组投产，总装机容量66.25万kW。[1]该电站以发电为主，兼有灌溉、防洪、航运、旅游和水产养殖等多种功能，改变了区域经济和产业发展的布局。

二、现 状

新安江水电站现在隶属于华东电网有限公司，设施保存完好。电站大门一侧有周恩来在1959年视察新安江水电站建设时的题词："为我国第一座自己设计和自制设备的大型水力发水电站的胜利建设而欢呼。"这座水电站主要由拦河大坝、发电机厂、升压开关站和相关配套设施构成。

① 浙江省淳安县《新安江大移民》史料征编委员会．新安江大移民——新安江水库淳安移民纪实 [M]. 杭州：浙江人民出版社，2005：21.

图 26-1 新安江水电站拦河大坝（张志会 摄）

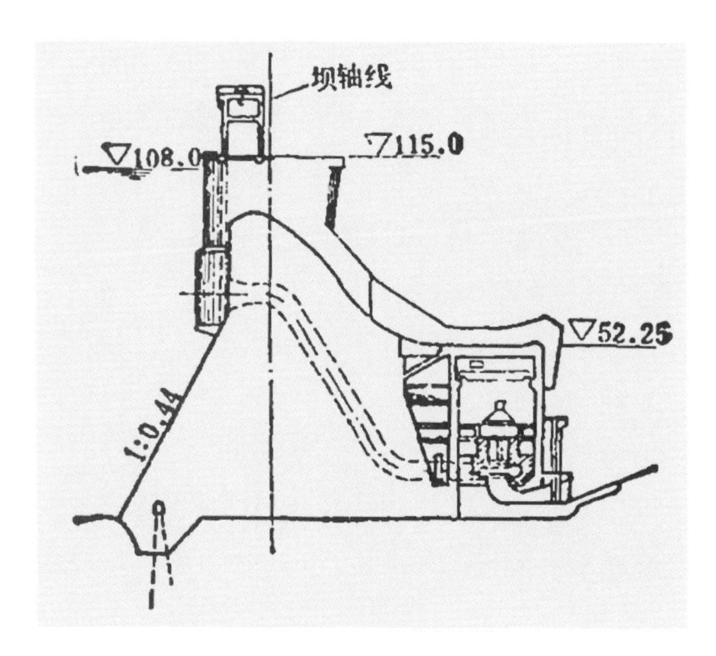

图 26-2　坝后厂房顶溢流式剖面图

图 26-3　坝后厂房顶溢流式布置实景（张志会 摄）

图 26-4　新安江水电站坝身“大跃进”时期的雕塑（张志会 摄）

其中拦沙大坝为混凝土宽缝重力坝。

新安江水电站是国内最早建设的宽缝重力坝（图26–1），并且是按千年一遇洪水设计的。坝体由混凝土和钢筋构成，坝顶总长度为466.5 m，宽度为97 m，坝基315 m，坝高为105 m，海拔高度为115 m。坝上有9个泄洪孔，在泄洪孔下方的城墙垛口状的设计是为了在泄洪过程中缓冲水的速度。后来，潘家口水电站、丹江口水电站、古田四级水电站和黄龙滩水电站也采用了宽缝重力坝。

这座水电站采用坝后厂房顶溢流式布置（图26–2），可增加溢洪道的前沿长度，使主流集中在河床中间，减轻对下游河道两岸岸坡稳定性的威胁。[①]厂房位于溢流段坝后（图26–3[②]），全长216 m，宽17 m，高度为42.75 m。此外，大坝的正前方留有“大跃进”时期的雕塑，彰显了其时代特征（图26–4）。

① 蒋华，方韦．新安江水电站建设史略[J]．春秋，2009（01）：12–13.

② 蒋富生．新安江水电站的坝型选择及坝体断面设计[J]．水力发电，1957，（24）：27–34.

新安江水电站发电厂的厂房内一共安装有国产水轮发电机组9台（图26-5）。原先的总装机容量为66.25万kW。1999～2003年间发电厂对发电机组进行了增容改造，现总装机容量为81万kW，短时间最大输出可达85.5万kW。4号发电机组是国产的第一台水力发电机组，1960年4月22日开始发电，至今仍在发电。

图26-5 新安江水电站水轮机组（张志会 摄）

图 26-6 水电站原中控室（张志会 摄）

新安江水电站的配套设施包括中央控制室、升压开关站、闸门及其起重机等。中央控制室（图26-6）的屏幕显示水库的水位、发电机的工作状况和当前频率等参数。升压开关站于1960年9月投入使用，可将电站生产的电升压至220 kV，通过高压线路向外输电。[①]两台闸门起重机设在坝顶（图26-7），泄洪时提起溢流堰顶上的钢闸门。当年为便于运输物资和建筑材料，建设者们修筑了一条长55.54 km的兰溪至铜官峡的铁路以及一座桥梁（图26-8）。如今，这条铁路已被废弃。

图 26-7 闸门吊机（张志会 摄）

图 26-8 坝后桥梁（张志会 摄）

新安江水电站除混凝土宽缝重力坝、发电厂及相关配套设施外，还有因新安江水电站蓄水而形成的水库——千岛湖，其面积为567 km^2（图26-9），是华东地区最大的人工湖。它具有调节区域气候、灌溉等多种效能。

① 蒋华，方韦．新安江水电站建设史略 [J]. 春秋，2009（01）：12-13.

图 26-9　千岛湖（张志会 摄）

三、技术史价值

新安江水电站是“一五”时期最早建成发电的大型水电站。这座水电站是新中国水电史上的一座丰碑，其宽缝重力坝、坝后厂房顶溢流和水轮发电机组等技术突破在新中国技术史上占有重要地位。这项工程为建设其他大型水电站积累了宝贵经验，培养出数百名能够在水文、地质、地形、水能、水工和机电等方面独立工作的水电技术人才。①

这座水电站是活态的工业遗产。2005年1月，电站完成增容改造工程，总装机容量从66.25万kW增至85万kW，年均发电量18.6亿kW·h，在全国水电站中排名第16位。随着电力事业的发展，它持续发挥着调峰、调频和事故备用的功能，并对下游富春江电站起到梯级补偿作用。

（张志会）

① 佚名.新安江水电站在勘测和初步设计工作中培养出数百名水电技术人员[J].人民日报，1956-10-11.

景德镇宇宙瓷厂

一、概　况

江西景德镇瓷业始于唐代，繁盛于宋元时期，明清时期随着“御窑厂”的建立，景德镇也成为一枝独秀的“世界瓷都”。清末和民国时期，由于政局动荡，战事频仍，景德镇陶瓷手工业衰落下来。中华人民共和国成立后，陶瓷产业进行了社会主义改造和现代化建设，景德镇在原有小作坊的基础上重新组建10余家陶瓷生产企业，其中较为著名的有建国、人民、新华、宇宙、东风、艺术、光明、红星、红旗、为民10家大型瓷厂，人们习惯性地称之为“十大瓷厂”。

宇宙瓷厂成立于1958年，由建国瓷厂第一分厂、第十三陶瓷手工业合作社以及第四瓷厂合并而成[①]（图27-1）。厂址位于景德镇市东郊新厂西路，距南河不到100 m，离火车货运东站只有300 m左右，有利于煤炭、原料和成品的运输。全国唯一的陶瓷专业高等学府景德镇陶瓷学院（现景德镇陶瓷大学）距该厂1 000 m左右，轻工业部陶瓷研究所、江西省陶瓷研究所离该厂有400 m左右。宇宙瓷厂是景德镇第一家机械化生产的新型陶瓷企业，在景德镇瓷业历史上具有里程碑式的意义。

当时宇宙瓷厂率先建起6座方形煤窑，这标志着景德镇开始告别两千年来一直烧柴制瓷的历史。煤窑烧瓷在质量上达到了柴窑的水平，对节约森林资源和保护生态环境意义重大。1959年，宇宙瓷厂首建2座大型水波池进行专业化淘泥，取代了千年以来缸桶淘

---

① 陈建辉，卢建明．前进中的景德镇宇宙瓷厂 [J]. 景德镇陶瓷，1990(1)：62-65.

图 27-1　宇宙瓷厂旧貌
（图片来源：江西省文化厅网站）

泥的落后工艺，实现了制泥与成型的分离，为传统瓷生产专业化开拓了道路。该项先进工艺比手工淘泥提高工效3倍，迅速在江西省推广，成为当时陶瓷行业制泥的主要生产手段。同年，宇宙瓷厂在全市成功建成9条陶瓷生产新工艺——成型流水作业线，当年被称为“九龙上天”。机压成型和作业线的出现，大幅度提高了生产力和产品质量。

1963年，宇宙瓷厂再次改造工艺，用搅拌机取代水波池，大大提高了泥釉料的质量。1965年，宇宙瓷厂一改过去的单件瓷出口，开始生产咖啡具、茶具等配套品种。1964年，宇宙瓷厂的陶瓷生产达到建厂以来的顶峰，质量一级品达到87.2%以上，产量1 328.26万件。产品质量在全国陶瓷行业排名第二，仅次于河北唐山的裕丰瓷厂。60年代中期，宇宙瓷厂“四火门隧道锦窑”烤花获得成功，被列为重大革新项目。70年代，宇宙瓷厂开始在成型车间使用链式烘房，并建成该厂第一条煤烧隧道窑；成型压坯工艺由辘轳双刀压坯改为电动滚头压坯。1975年，建成该厂第一条以重油为燃料的油烧隧道窑。70年代末，该厂承接美国“米卡莎”公司1 000套西餐具，中国大陆日用陶瓷首次进入美国市场[①]。

① 陈建辉、卢建明. 前进中的景德镇宇宙瓷厂 [J]. 景德镇陶瓷，1990（1）：62-65.

20世纪80年代初，TCC–204（130）杯类滚压成型机以及江西省第一台C8G32型辊道烤花窑在宇宙瓷厂投产，该烤花窑在当时处于国际先进水平。80年代中期，全省第一条阳模滚压成型流水作业线在宇宙瓷厂正式投入生产。80年代中后期，“链式烘房”带滚压成型流水作业线在宇宙瓷厂投入使用，由计算机控制的32 m燃油辊道烤花窑在宇宙瓷厂投产，二者在国内陶瓷工业中居领先地位。

宇宙瓷厂在1985年10月投产的红楼梦十二金钗系列彩盘是由已故陶瓷艺术家赵惠民设计。彩盘花纸由日本、法国印制，采用丝网膜花纸工艺，烤花为计算机自动控制。彩盘继承和发扬了中国瓷器的传统特色，进入美国市场后，为宇宙瓷厂赢得了“中国景德镇皇家瓷厂”的美誉①。1990年，宇宙瓷厂生产的“国徽瓷”成为中国第一代国家使领馆专用瓷，当时在国内外产生了重要影响。

二、现　状

2002年宇宙瓷厂停产后，厂房年久失修，破败不堪。2012～2016年，景德镇市委、市政府在“工厂改造、功能再造、文化塑造、环境营造”的原则下对宇宙瓷厂进行改造，建成了“陶溪川”陶瓷文化创意园，不同时期的厂房以及各种机器、设备、工具和各类档案等工业遗产得到保留和展示。

宇宙瓷厂保留下的工业建筑多种多样。宇宙瓷厂（“陶溪川”陶瓷文化创意园）在改造过程中保留了20世纪五六十年代中国传统的厂房、20世纪六七十年代锯齿状“包豪斯”厂房（图27–2）、20世纪八九十年代的现代厂房等各具时代特色的典型建筑（图27–3），利用厂房空间建成了美术馆、陶瓷工业遗产博物馆、陶艺家工作室等。此外，高耸的烟囱、水塔、锅炉房、煤气发生站、各种工业管道（图27–4）以及墙上保持原味的老标语，展示了工业化的时代烙印。其中的陶瓷工业遗产博物馆集中展示了1904～2010年景德镇陶瓷工业的工具、设备、工艺流程、产品、档案等，充分展现了一百年来景德镇瓷业“手工作坊—私营—私私联营—公私合营—国营—改制转型”的发展脉络，是全国首家陶瓷工业遗产专题博物馆。

---

① 李章明．从“宇宙”巨变看技改的路子[J]. 工业技术与职业教育，1990(2)：60–61.

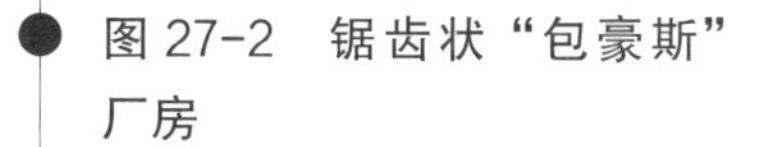

图 27-2 锯齿状“包豪斯”厂房
（景德镇陶溪川文创街区 提供）

图 27-3 人字形厂房鸟瞰图
（景德镇陶溪川文创街区 提供）

图 27-4 工业管道及水塔
（景德镇陶溪川文创街区 提供）

图 27-5 球磨机
（景德镇陶溪川文创街区 提供）

图 27-6 榨泥机
（景德镇陶溪川文创街区 提供）

图 27-7 练泥机
（景德镇陶溪川文创街区 提供）

制瓷设备是重要的工业遗产，具有重要的技术史价值和意义，宇宙瓷厂保留了20世纪50年代以来景德镇陶瓷工业中使用的原料处理（球磨机、榨泥机、练泥机等，图27-5、图27-6和图27-7）设备、成型装备（压坯机、修坯车等），尤其是各时期不同类型的窑炉，包括20世纪50年代的煤烧圆形倒焰窑（图27-8），70年代的煤烧隧道窑（图27-9），改装的油烧隧道窑（图27-10）以及焦化煤气窑（图27-11）、梭式窑（图27-12）等，反映了20世纪50年代以来窑炉型制和烧瓷工艺的演变，也如实反映了20世纪50年代以来景德镇陶瓷工业的技术演变过程。此外，还有各时期陶瓷生产工具1 000余件，如修坯刀、蘸釉钩、汤釉盏等。

宇宙瓷厂留存的陶瓷代表产品与生产标准也有很大价值。宇宙瓷厂保存了各个时期生产的陶瓷代表产品13万余件，如国徽瓷（图27-13）、红楼梦十二金钗瓷等，此外还有

图 27-8　煤烧圆形倒焰窑
（景德镇陶溪川文创街区　提供）

图 27-9　煤烧隧道窑
（景德镇陶溪川文创街区　提供）

图 27-10　油烧隧道窑
（景德镇陶溪川文创街区　提供）

图 27-11 焦化煤气隧道窑
（景德镇陶溪川文创街区 提供）

图 27-12 梭式窑
（景德镇陶溪川文创街区 提供）

标准器形235件（图27-14），从产品这一侧面，真实反映了当代景德镇地区陶瓷生产的状况，以及中国陶瓷生产的标准化情况。

除厂房、设备和产品外，宇宙瓷厂较完整地保存了各类档案10万余卷，近400名老职工口述史视频资料，60万字文字资料，这些都将成为研究挖掘景德镇地区现代陶瓷大工业生产和技术发展的珍贵史料。

图 27-13 国徽瓷
（景德镇陶溪川文创街区 提供）

图 27-14 和合器类标准件
（景德镇陶溪川文创街区 提供）

三、技术史价值

宇宙瓷厂是“十大瓷厂”中面积最大、工人最多、设备最精良的瓷厂之一，见证了景德镇陶瓷的现代大工业生产的历程，具有突出的历史价值。现存不同时期的窑炉、榨泥机、练泥机、压坯机等设备反映了生产工艺不断进步的过程，是中国现代陶瓷工业及其技术发展的实物载体。

宇宙瓷厂的整体布局包含生产管理、产品设计、产品制作和生活配套等区域。产品制作区按照原料加工存储、成型、烧制、彩绘、包装等顺序布置，反映了陶瓷生产的完整流程。其工业建筑结构清晰，风格简朴，材料富有地方特色，反映了特定地方和年代的工业建筑特征[①]。瓷厂现存各类档案资料丰富，是中国现代陶瓷工业和技术发展的珍贵文献，亟待进一步整理和研究。

宇宙瓷厂在2018年1月入选工业和信息化部国家工业遗产名单。在宇宙瓷厂基础上建立起来的“陶溪川”陶瓷文化创意园和博物馆，既比较完整地保留了反映技术内涵的工业遗存，又推动了当地文化旅游业发展，这种有益的尝试值得借鉴。

（张茂林）

① 张杰，贺鼎，刘岩．景德镇陶瓷工业遗产的保护与城市复兴 [J]. 世界建筑，2014（8）：100–103.

中国工业
INDUSTRIAL

沈阳铸造厂

一、概　况

20世纪中叶以来，东北成为中国最密集的工业地区。沈阳是东北工业的一个重镇，其工业企业主要集中在铁西区。铁西在“九一八”事变后被伪奉天当局定为工业区，中华人民共和国成立后成为国家着力建设的重工业基地。2002年以前，铁西区的总面积接近40 km^2，汇聚了机械、冶金、化工、制药、建材、纺织等行业的许多大中型国有企业，有二三十万产业工人，打造了新中国工业的数百个第一，被称为“东方鲁尔”。迄今，铁西区只有沈阳铸造厂比较有规模地保留了部分厂房、生产线和机器设备。

沈阳铸造厂的前身是20世纪30年代日本人开办的若干家小铁工厂。1948年解放军攻占沈阳后，工厂经历了整合和几次更名。1956年该厂合并了沈阳鼓风机厂和沈阳水泵厂的铸造车间，定名为沈阳铸造厂，成为中国第一个专业铸造厂。经过扩建和技术改造，沈阳铸造厂发展成亚洲最大的专业铸造厂，曾参与援建陕西、甘肃的“三线建设”项目以及阿尔巴尼亚、越南等国的铸造厂，为经济建设和国防建设做出了重要贡献。

沈阳铸造厂在20世纪80年代占地有44万多平方米，共分3个厂区，职工人数约6 000。主要生产灰铸铁、球墨铸铁、合金铸铁、铜铝合金铸件等。产品最大单重近百吨，最小的仅有几公斤。年生产能力最高曾超过38 000 t，累计为矿冶、石化、通用、机床、汽车、造船、铁路和军工等行业生产了130多万吨铸件，其中为国家重点工程、重大项目等提供了30多万吨铸件，填补了多项国内技术空白。有些产品还出口到美国、日本和韩国。

沈阳铸造厂在计划经济时期见证了东北制造业的辉煌，在经济转型中又经历了阵痛。2002年，铁西区与沈阳经济技术开发区合署办公，实施“东搬西建”规划，逐步将250多家企业迁出铁西区。2007年，沈阳铸造厂和其他四家大型企业的热加工生产进行搬迁、改造和重组，在沈阳经济技术开发区成立沈阳铸锻工业有限公司。2007年4月17日，随着冲天炉熔化最后一炉铁水和浇铸出最后一个铸件，沈阳铸造厂结束在铁西区的生产，迁往沈阳经济技术开发区的铸锻工业园。

二、现　状

铁西区政府自2004年起着手普查和保护工业遗产，2006年决定将沈阳铸造厂的遗存列为区级文物，2007年开始将铸造厂的翻砂车间（即一车间）改造为铸造博物馆，并尝试开展铁西工业旅游[①]。博物馆规划占地40 000 m^2，主体建筑17 800 m^2，分为铸造馆、铁西馆和汽车馆等。铸造馆面积为8 640 m^2，铁西馆面积为2 000 m^2。

铸造馆基本保持了翻砂车间的原貌（图28–1），其厂房横跨为24 m、高为30 m。馆内展陈着烘砂（图28–2）、混砂、落砂、排砂、抛丸等系统和铸造生产线，以及砂池（图28–3）、送料仓、运料斗、传砂带（图28–4）、碾砂机、实验用混砂机、砂箱、抽尘设备、30 t落砂机基座、10 t和5 t冲天炉（图28–5）、5 t中频感应保温电炉、铁水包、冷渣罐、干燥窑（图28–6）、天吊、离心通风机、炉前风扇、空压机等设备和设施[②]。其中，10 t冲天炉重量约300 t，高27 m，每小时可熔炼10 t铁水。此外，铸造馆还收藏了其他厂家捐赠的产品或设备，其中有115 t重的11 m双柱立车横梁（图28–7）、口径2.2 m的球墨铸铁管。

---

① 范晓君. 双重属性视角下的工业地遗产化研究[M]. 沈阳：辽宁人民出版社，2017：99–102.

② 工业和信息化部工业文化发展中心官方微信号“工业文化遗产”所载文章：第二批国家工业遗产 · 沈阳铸造厂，2019年3月8日（网址：https://mp.weixin.qq.com/s/rwRnHLjE2YBf9PaB5lTNmQ?）

图28–1　铸造厂翻砂车间

（图片来源：工息部工业文化发展中心官方微信号“工业文化遗产”）

图 28-2 烘砂系统
（图片来源：工信部工业文化发展中心官方微信号“工业文化遗产”）

图 28-3 砂池（张柏春 摄）

图 28-4 传砂带
（图片来源：工信部工业文化发展中心官方微信号“工业文化遗产”）

图 28-5　10 t 冲天炉
（图片来源：工信部工业文化发展中心官方微信号“工业文化遗产”）

图 28-6　干燥窑（张柏春 摄）

图 28-7　11 m 双柱立车横梁（张柏春 摄）

图 28-8　中国工业博物馆（张柏春 摄）

图 28-9　中国工业博物馆正门（张柏春 摄）

铸造博物馆建成后又经过了改造和扩建，于2012年5月18日以“中国工业博物馆”之名正式开馆（图28-8、图28-9），而获批的馆名是“沈阳工业博物馆”。在征集文物的过程中，博物馆得到了中国铸造协会和有关企业的慷慨帮助。铁西馆展陈着沈阳其他企业的机床等产品（图28-10），如曾绘制在第三套人民币贰元纸币上的车床（图28-11）、沈阳第一机床厂改造生产的数控车床（图28-12）、沈阳中捷友谊厂的摇臂钻床、沈阳客车制造厂生产的无轨电车、沈阳拖拉机厂的拖拉机，反映了铁西创造的诸多“共和国工业第一”。

沈阳工业博物馆是铁西区的地标建筑，也是沈阳市的人文景观和旅游资源，在2016年被评为4A级景区，2009年被中共中央宣传部授予全国爱国主义教育示范基地。沈阳铸造厂（即沈阳工业博物馆铸造馆）在2018年被工业和信息化部列入第二批国家工业遗产名单，2019年被中国科学技术协会列入中国工业遗产保护名录。

图 28-10　工业博物馆的铁西馆（张柏春 摄）

图 28-11　绘在第三套人民币贰元纸币上的车床实物（张柏春 摄）

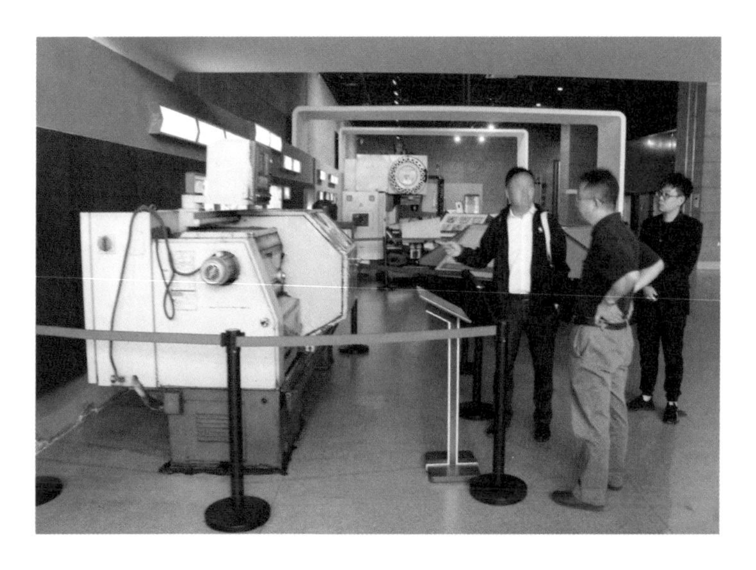

图 28-12　沈阳第一机床厂生产的数控车床（张柏春 摄）

三、技术史价值

沈阳铁西区企业在中国工业史上占有非常重要的地位，这里的工业遗存理应是国家工业遗产拼图中的一个不可或缺的部分。沈阳铸造厂是铁西区唯一同时幸存厂房、生产线和机器设备的老企业。

沈阳铸造厂是沈阳乃至我国铸造业的一个缩影，见证了我国铸造业80年的发展历程。沈阳工业博物馆以铸造厂的厂房和大型生产设备等遗存为基础，逐步充实展陈内容，承载着几代铁西人的记忆和情怀。它反映着20世纪后半叶沈阳铸造业发展的规模、技术水平和创造力，体现出东北乃至全国一个时代的工业辉煌，凝聚着产业大军的创业精神和工匠精神，具有重要的技术、历史和文化等价值。

十多年前的沈阳铁西区政府领导有远见地保护了铸造厂的工业遗产，他们所创建的工业博物馆应在地方省政府和国家有关部门支持下得到持续的发展。

（张柏春　陈　朴）